中国城市规划学会学术成果

"中国城乡规划实施理论与典型案例"系列丛书之二

丛书主编：李锦生

丛书副主编：叶裕民

广东绿道规划与实施治理

李建平　宋延鹏
　　　　　　　　　编著
刘　沛　牛丞禹

U0284495

中国建筑工业出版社

图书在版编目（CIP）数据

　　广东绿道规划与实施治理／李建平等编著 . — 北京：中国建筑工业出版社，2017.11
　　（"中国城乡规划实施理论与典型案例"系列丛书之二／李锦生主编／叶裕民副主编）
　　ISBN 978-7-112-20953-8

　　Ⅰ . ①广… 　Ⅱ . ①李… 　Ⅲ . ①城市道路 – 道路绿化 – 绿化规划 – 研究 – 广东 　Ⅳ. ① TU985.265

　　中国版本图书馆 CIP 数据核字（2017）第 162458 号

责任编辑：李 　鸽 　毋婷娴
责任校对：焦 　乐 　李欣慰

"中国城乡规划实施理论与典型案例"系列丛书之二

广东绿道规划与实施治理

李建平 　宋延鹏 　刘 　沛 　牛丞禹 　编著

＊

中国建筑工业出版社出版、发行（北京海淀三里河路 9 号）
各地新华书店、建筑书店经销
北京方舟正佳图文设计有限公司制版
北京君升印刷有限公司印刷

＊

开本：787×1092 毫米 　1/16 　印张：8 　字数：154 千字
2017 年 11 月第一版 　2017 年 11 月第一次印刷
定价：59.00 元
ISBN 978-7-112-20953-8
　　　　（30584）

序

明年，我们将欢庆改革开放 40 年。

40 年来，我国由农业和乡村大国发展成为工业化和城市化的大国，经历了世界历史上规模最大、内容最丰富、受益人口最多的现代化进程。城乡规划始终对我国多区域、多层次的工业化和城市化起着重要的战略引领和空间支撑作用，并逐步积累了丰富多彩的实践，形成了具有特色的理论体系、法律法规体系、教育体系和人才体系。特别是在中国城乡规划实施领域，产生了大量的创新实践，描绘出绚烂的中国故事。

但是，随着我国进入经济、社会发展的新常态，城乡规划实施也面临着巨大挑战，特别是需要应对城乡规划需求、目标和思维模式的快速转型：规划实施如何应对由增量规划转向存量规划，由城市规划走向城乡规划，由技术理性转向协作式交往理性的重大转变？如何重构新时期城乡规划实施治理的基本理念、治理结构和体制机制？这些都是需要认真思考和深入研究的课题。

城乡规划是具有战略性的公共政策。根据政策过程理论，规划实施过程就是公共政策执行的过程。公共政策执行可能受到来自三方面的挑战：

第一，政策制订缺陷。糟糕的政策意味着政策执行可能的失败。这包括政策制订对政治形势判断失误，缺乏关注利益相关者的利益诉求，没有充分核算政策执行所需资源的可得性等等。为避免政策制订缺陷成为政策执行的障碍，要求在政策制定阶段就需要高度关注政策执行中可能产生的诸多问题。可以说，政策执行始于政策制订。

第二，政策过程的开放性和包容性不足。现代社会中，各利益相关者相互依赖、互相依存，这也增加了公共管理者执行政策的复杂性和脆弱性。如果政策制定过程中，利益相关者不能充分地参与博弈、表达诉求，那么政策执行时就可能会缺乏必要的行政或者政治的支持，或者自上而下地仅限于来自政策发起的高层级政府机构的支持。而事实上，基层政府和社会公众才是政策成功执行的关键，当他们对于被要求执行的政策缺乏了解，或者认为政策无法体现其自身利益时，就会以多种方式抵制政策执行，甚至会导致政策执行终止。

第三，政策执行能力不足。执行能力不足会导致操作困难，导致计划停留在纸面上。为了促进政策执行，必须要有相应能力的贮备和建设，其中包括人力、财力、制度的准备，以及确保政府间合作与一致性，回应社会群体对政策执行反馈的社会性能力等等。其中，来自政府间合作的挑战最为严峻，需要解决合作中可能产生的对部门权力的挑战、目标和手段的多部门冲突与妥协，以及如何共享信息和资源，如何联合行动等一系列艰难的问题。

城乡规划作为公共政策，其实施难题与政策执行挑战具有高度的一致性。

一个规划，可否得到顺利实施，并取得良好实施效果，首先取决于该规划的科学性与合理性，取决于规划是否充分考虑了规划实施过程中可能出现的一系列难题，并尽可能将其解决方案体现在规划中，这些难题包括"多规合一"、规划实施过程有效监督等。克服这些难题，首先要纠正规划编制结束，才开始实施规划的观念，实际上规划实施始于规划编制。

其次，规划有效实施取决于规划编制和实施过程中多方合作的广度与深度。在逐步走向包容和开放的规划制度下，如果建立了多元利益群体（包括多部门、多层级政府——特别是基层政府、企业和社会公众）透明化和规则化的合作博弈制度，那么，各利益群体可以在规划中达成更加持续、稳定的妥协，从而有利于促进规划实施；否则，则可能在规划实施过程中演变为激烈的利益冲突，成为阻碍规划实施的关键要素。

再次，规划实施过程中的人力、物力、财力准备和制度建构、多部门协调，都构成规划实施最重要的基础性保障。

改革开放以来，我国处于前所未有的快速发展和剧烈变化之中，理论研究长期滞后于实践发展的需要。规划实施与诸多领域的发展一样，许多地方的有效实践先于理论探索。为了满足地方规划实施对理论和前沿经验学习和研究的需要，我们中国城市规划学会城乡规划实施学术委员会，致力于总结地方规划实施的前沿经验，其学术成果以三个系列公开出版，已经出版的案例受到业内的广泛欢迎和热情鼓励。

一是专著系列，以专著的形式连续出版《中国城乡规划实施理论与典型案例》。专著以每年年会所在城市的成功案例为主，包括该时期典型的具有推广和参考价值的其他规划实施案例，对每个案例的背景、理论基础、实践过程进行深入解析，并提炼可供推广的经验。迄今为止，已经正式出版了三本专著《广州可实施性村庄规划编制探索》、《诗画乡村——成都乡村规划实施实践》、《绿道的理论与实践——以广东为例》。第四本深圳规划实施案例正在研究撰写过程中。我们会努力坚持，至少一年完成一个优秀案例总结，分享给读者，希望全国各地的好案例加入这套系列丛书中来。

二是《中国城乡规划实施研究——历届全国规划实施学术研讨会成果集》，基于每年规划实施学术委员会全国征集论文，并通过专家评审，对严格筛选出来的论文集合出版，迄今为止已经于 2014 ~ 2017 年出版了 4 册。

三是《城市规划》杂志上开辟的《城乡规划实施》专栏。该专栏以定向邀请和投稿相结合，对典型案例进行学理或者法理的深入解析，向读者传递遇到同类问题的思考方式和解决问题的路径，成果形成论文。该专栏始于 2016 年 1 月，每季度第一期（每年的 1、4、7、10 月）正式发表，迄今为止，已经顺利刊登了 7 期。

感谢中国城市规划学会给予城乡规划实施学术委员会以发展的空间，特别是学会副理事长石楠教授对学委会热情关注、学术指导和工作支持！感谢学委会各位委员坚持不懈的努力，才有我们 3 个系列案例研究成果的持续出版！感谢中国人民大学公共管理学院规划与管理系、广州市国土规划委、成都市规划局、深圳城市规划学会，这些单位分别承办了学委会第 1～4 届年会"中国城乡规划实施学术研讨会"，付出了大量的辛勤的劳动！感谢给学委会年会投稿和参加会议的同仁朋友们，你们对学委会的肯定，以及参与交流的热情是我们工作最大的动力！感谢多年来所有关心和支持学委会的领导、专家、规划师和各位朋友，希望我们分享的成果可以对大家有所帮助。

大家手里拿到的就是专著系列，请大家多提宝贵意见。对于规划实施学术委员会 3 个系列的案例成果，大家有任何意见，或者希望讨论的问题，可以随时联系秘书处，邮件地址为 imp@planning.org.cn。

李锦生　叶裕民

2017 年 7 月 30 日

自序

　　本书是"中国城乡规划实施理论与典型案例"系列丛书的第二本，也是广东"绿道大事件"的一次小小总结，我们满怀感激之情和深深的忐忑之心，为读者奉上此书。

　　规划的实施是长期困扰规划界的理论和现实问题，也是新型城镇化时期我国城市发展模式转型中亟待解决的难题。2015年12月中央城市工作会议的召开和《中共中央国务院关于进一步加强城市规划建设管理工作的若干意见》的出台，为新时期城乡规划建设管理工作提出了新思路、新要求。但是，重编制轻实施的思路锁定依然突出，如何总结提炼形成"规建管一体化"（规划建设管理一体化）的实践经验和理论体系，是规划管理部门及各级政府、学术界都十分关注的热点问题。在区域和城市群层面，由于范围广、行政管理主体多、利益群体复杂，区域规划的实施更是困难重重。

　　珠三角作为我国改革开放的先行区域和城镇群发育较早较成熟地区，是我国探索和实践区域规划的示范区。1990年代以来，随着西方区域治理理念的逐步引入，珠三角率先以协调发展为主题、以建立四类用地模式为策略进行了区域治理方面的初步探索，以期构建可持续发展的区域空间形态，引导城镇合理布局和土地有序开发。然而，先行改革开放与经济全球化的机缘碰撞，国际化与本地化、政府力与市场力等多种力量迅速汇聚，珠三角社会经济发展迸发出前所未有的能量，诱发空间增长由城至乡、由点及面遍地开花。但伴随经济的过快增长，资源的低效消耗和生态环境的恶化越来越严重。进入2000年，为遏制区域生态环境恶化，限制土地开发、城镇建设过度连绵，在借鉴大伦敦"环城绿带"、巴黎（大区）区域绿色规划等经验基础上，广东规划人尝试开展有关"区域绿地"的研究，并在珠三角开展区域绿地的划定工作，以期在区域层面划定永久保护的绿地，并对具有重大自然、人文价值和区域性影响的绿色开敞地区进行严格保护，以守住区域的生态安全底线。但是，理想难免要遭遇现实的挑战，现实中"区域绿地"的划定工作进展并不顺利，一味追求保护的夙愿未能得到地方政府的积极响应。因此，如何保护区域绿地、守好生态安全底线也引发了广东规划人的反思与检讨。功夫不负有心人，在艰难的反思与检讨中，对绿色空间有着高度敏锐性的广东规划人终于在欧美"绿道"实践及研究中找到了答案，并萌发了"在绿廊中修建慢行道，使生态廊道成为绿道，实现使用中保护绿地的思路"。可以说，广东绿道思想的形成是广东规划人对珠三角区域治理进行长期探索的结果。

　　绿道是以自然生态为基底的绿色开敞空间和慢行系统。150年前，当奥姆斯特德（Olmsted）笔下的波士顿公园系统规划（也称"翡翠项链"）铸成现实，展现的不仅仅是我们通常理解的城市绿地系统的完善，从某种程度上更是区域治理的理念，如通过构筑波士顿和布鲁克林的排水通道，实现对严重污染的马迪河进行生态治理；通过公园道或其他线形方式来连接城市公园，并将公园延伸到附近的社区，为附近平民平等进入城市公园提供更多机会，促进社会公平。正是绿道所体现的绿色发展、社会公平内涵稳稳地契合了当下珠三角、当下中国发展模式急切转型的客观要求，使广东规划人所期望的构建区域绿道网设想迅速得到省委、省政府的决策支持。

广东绿道，从2009年中提出设想到2010年上升为区域行动，从珠三角率先成网到向全省拓展，不仅接力了世界绿道建设潮，还掀起了中国的绿道风，不仅继承了欧美绿道思想的精髓，还结合地域特色形成了自身的特点，成为全国践行生态文明建设，推进区域协同治理的典范工程。相对于欧美绿道，广东绿道也被赋予了更多的内涵，将保护生态、改善民生与发展经济有机结合，成为集生态保护、运动休闲、文化展示、环境治理于一体的民生工程。广东绿道的创新和示范，不但引起了社会各界的广泛关注，而且成为不少专家学者研究总结的对象，因此推动了我国绿道理论、绿道规划方法、绿道实践案例总结、绿道技术规范等研究的急速发展。通过中国学术文献网络出版总库对"绿道"进行词频搜索，发现2010年1月1日至2017年1月31日期间，"绿道"词频文章为1492条，其中"绿道＋规划"词频为827条（占比55.4%），"绿道＋实施"词频为188条（占比12.6%），"绿道＋管理运营"词频为132条（占比8.8%）。从中可以看出，国内现有对绿道的研究文献，更多的仍局限在绿道概念介绍、绿道理论梳理和绿道规划设计技术方法、规划方案介绍等方面，而对于绿道规划的实施、绿道的管理与营运，以及后续发展等议题的研究相对薄弱。因此，本书的重点不是对已有相关理论的综述，也不是对规划方案及规划技术方法的介绍，而是突出了在规划实施、绿道管理等方面的总结，以弥补国内在绿道建设、管理和运营方面研究的不足。同时，作为广东绿道规划建设的参与者、见证者，也很希望通过这些总结，将广东绿道理念和规划—建设—管理一体化的实践经验传播出去。

本书内容分六个章节展开。第一章简述广东绿道理念的形成过程，绿道发展建设的进展和新动向；第二章介绍广东绿道网规划思路和总体布局；第三章阐述政治动员下的绿道规划实施的机制；第四章讲述多方协同下的绿道管理与运营；第五章主要阐述广东绿道建设的成效、经验和不足；第六章总结展望，重点从广东绿道对全国的示范意义、广东绿道的创新等方面进行总结，并从绿道本身的升级及其与新型城镇化的协同等方面对广东绿道的未来发展进行展望。

由于我们研究能力不足，掌握的资料有限，本书更多的是实践与阶段性结果的总结，有些观点或结论可能不全面，请读者们多多包涵。

李建平

2017年4月

目录

序

自序

第一章 广东绿道发展建设综述 /001

1 广东绿道思想的形成过程 /001

1.1 基因：空间管治理念的实践 /001

1.2 触媒：宜居城乡建设与区域绿地管治思路的转变 /006

1.3 燃点：建设绿道网的相关建议引起省委书记的高度关注 /006

2 广东绿道规划建设进展 /007

2.1 绿道规划设计与建设协同推进阶段（2009-2011 年） /007

2.2 完善绿道规划建设与强化管理阶段（2012-2014 年） /008

2.3 绿道功能完善与升级发展阶段（2015 年之后） /009

3 广东绿道建设主要成效 /011

3.1 促进了生态与城乡人居环境的改善 /011

3.2 体现了较好的经济效益 /012

3.3 形成了良好的社会效益 /013

第二章 广东绿道网规划 /015

1 绿道、绿道网概念与内涵 /015

1.1 绿道的定义 /015

1.2 绿道的分级、分类 /017

1.3 区域绿道网的定义 /018

2 广东绿道网规划关注的重点 /019

2.1 选线：尊重资源本底、政策要求和地方意愿 /019

2.2 串点：尽可能串联重要生态节点、人文节点和城市开敞空间 /020

2.3 控绿：强调和划定一定宽度的绿廊或绿道控制区 /020

2.4 交通衔接：因地制宜多方式衔接城市和区域交通 /021

2.5 设施配置：分层级组合性配置服务设施 /022

2.6 功能开发：依托资源特色和发展节点拓展绿道功能 /024

2.7 城际交界面衔接：选线、标准、时序等多方面的协同 /025

3 绿道网规划的工作方法 /025

3.1 省市行政、技术层面的互动协同 /025

3.2 以都市区为单元推动城际协调 /026

3.3 公众参与，开门规划 /026

3.4 技术跟踪，动态修正 /026

4 从珠三角到全省的绿道网总体布局 /027

4.1 珠三角区域绿道网总体结构 /027

4.2 全省区域绿道网总体结构 /032

4.3 与港澳的跨界绿道布局 /036

第三章 广东绿道的规划实施机制 /039

1 总体层面：形成政治动员的制度保障 /039

2 省级层面：建立具有创新性的工作机制 /040

2.1 形成了"横向与纵向"有机衔接的工作机制 /040

2.2 做到责任与任务层层分解，形成倒逼机制推动绿道建设 /044

2.3 技术规范和指导文件及时跟进 /045

3 地方层面：建立各显其能、上下齐动的工作机制 /047

3.1 高效运作，有力保障 /047

3.2 多方式保障土地供给 /048

3.3 突出地方特色，丰富绿道内涵 /049

3.4 因地制宜的建设模式，节约人力物力财力 /050

4 社会层面：建立社会各界广泛参与机制 /051

4.1 邀请民间组织、专家学者参与绿道规划调研与方案研讨 /051

4.2 借助绿道标识，提升公众对绿道的认知度 /051

4.3 通过宣传与引导，动员社会各界参与绿道建设 /053

第四章 广东绿道建设管理与运营维护 /055

1 试点起步，推进绿道建设管理立法 /055

1.1 绿道建设管理立法试点 /055

1.2 绿道建设管理省级法规的出台 /056

1.3 绿道建设管理向地方延伸——属地管理 /058

2 政府主导，探索多样化的绿道建设与经营管理 /060

2.1 政府主导的多样化建设管理 /060

2.2 市场化导向的经营管理方式探索　/062

3 专项资金引导，多方式筹措绿道建设资金　/064

3.1 绿道专项资金来源与用途　/064

3.2 资金筹措方式　/064

3.3 专项资金监管　/066

4 省市协同，推进绿道建设管理的动态监测　/066

4.1 建立省市协同的监测机制　/066

4.2 建立职责明晰的部门联动机制　/066

5 官方主导，推动绿道的广泛宣传　/067

6 珠三角城市绿道的管理运营经验　/068

6.1 珠三角各市绿道管理特点　/069

6.2 珠三角各市绿道运营特点　/069

第五章　广东绿道建设成效与不足　/071

1 广东绿道建设的主要成效　/071

1.1 生态环境效益　/071

1.2 经济效益　/077

1.3 社会效益　/083

2 广东绿道建设形成的主要经验　/088

2.1 领导重视、省市协同，是推动绿道实施的组织保障　/088

2.2 规划建设与管理协同，保障绿道的可持续发展　/089

2.3 财政主导，社会参与，为绿道建设提供资金保障　/090

2.4 强化管理，提升功能，推动绿道升级　/092

2.5 重视宣传与特色营造，提高绿道的公众参与度　/094

3 绿道规划建设与管理运营中存在的不足或问题　/095

3.1 绿道规划建设中存在的不足　/095

3.2 绿道管理运营中出现的主要问题　/097

第六章　结论与展望　/101

1 结论　/101

1.1 广东绿道思想的形成是历史必然与偶然因素的结合　/101

1.2 广东绿道的形成是自上而下政治动员与自下而上发展意愿的结合　/102

1.3 广东绿道规划建设为区域规划实施提供了新的路径与思考　/102

1.4 广东绿道"规建管一体化"具有良好示范意义　/103

2 展望：广东绿道发展新趋势　/103

2.1 结合河涌和流域整治，打造区域绿廊和水岸公园带、运动休闲带，倡导健康生活方式　/104

2.2 以古驿道为抓手，提升绿道文化功能和激活传统村落，提高公众的生态与文化保护意识　/105

2.3 构筑社区绿道网络，助推街区活力提升，促进多元经济活动　/107

2.4 强化各级绿道的连接联通，构筑区域绿色基础设施网络　/107

2.5 推进绿道功能与管理运营的升级　/108

后记

第一章
广东绿道发展建设综述

1 广东绿道思想的形成过程

广东绿道思想的形成，是1990年代以来西方新区域主义的管治(Governance)理念在珠三角区域规划的实践探索中逐步形成的，也是在欧美绿道由单目标向多目标演进背景下我国绿道规划建设的一次系统性创造。

1.1 基因：空间管治理念的实践

"管治"产生于1970年代（李铭、方创琳等，2007），是一种在政府与市场之间进行权利平衡再分配的制度性理念。其最初起源于环境问题，随后被逐渐引入到处理国际、国家、城市、社区等各个层次的，各种需要进行多种力量协调平衡的问题之中。不仅成为全球性的共同课题，还迅速渗透到城市与区域规划的具体行动中。1980年代以来，工业化、城镇化、市场化、国际化的迅速发展，既打破了珠三角长期以来"自上而下"的政治经济关系，也塑造了"自下而上"的发展模式，推动了工业化、城镇化的迅速发展以及城镇发展区域化、区域发展城市化的日益出现。同时，市场调节机制和"自下而上"模式缺陷的不断显现，不仅引发了珠三角土地开发无序、生态环境恶化、基础设施重复建设等区域性问题，也造成省、地市政府既有管理机制的难以适从，并制约了城镇群的发展。为应对城镇群发展中出现的上述问题，引入空间管治理念，建构"自上而下"和"自下而上"相结合、计划与市场相结合的区域发展新模式，成为珠三角走向协调发展的必然选择。

自1990年代以来，区域空间管治概念逐步引入并应用到珠三角的区域和城乡规划领域，不但为珠三角区域规划的编制和规划管理带来了新的思路，也为珠三角绿道规划思想的形成提供了理论基础和实践经验。

1.1.1 1990 年代：探索建立四类用地模式的空间管治

进入 1990 年代，伴随经济的高速增长和各级城镇的迅速崛起，珠三角出现了一系列新的问题或趋势，如城、镇、村发展一拥而上，城乡边界变得模糊，生态用地被大量蚕食，交通市政等区域性基础设施建设各自为政等。

为促进珠三角城市群的整体协调发展，防止城市建设无序蔓延，形成良好的城市环境和生活空间，引导不同地域的城乡规划、建设与管理，1994 年广东省建设委员会组织编制了《珠江三角洲经济区城市群规划》[5]（《珠三角经济区现代化发展规划》的五个专题之一[1]）。该规划按照城乡一体化和可持续发展理念，开创性地提出了由"都会区、市镇密集区、开敞区、生态敏感区"四种用地模式（图1-1），对不同的区域实施不同的开发策略和管理政策，以达到合理的空间组合、开发与保护的平衡，确保城市有较合理的空间发展形态。这也是珠三角第一次尝试将空间管治理念引入并应用到区域规划，成为建构区域空间管治理念的一次创新性探索。同时，该规划从城市群协调的角度，对需要由各城市总体规划确定和落实的主要因素（如城市性质、规模发展方向、重大基础设施布局、对外交通网络等）提出了相应的意见，为地方层次的规划和发展提供了初步的政策框架。

四种用地模式的管治要求是：

（1）都会区：指已经形成或将要形成的规模大、集聚度高、中心地位和作用突出的城市化区域。主要承担金融中心、贸易中心、科技信息中心和综合交通枢纽等功能，着重发展高新技术产业和大型基础工业。在城市建设中着重完善城市机能，重整旧城区。

（2）市镇密集区：指紧邻都会区且众多中小城市及城镇组合分布的地区。合理诱导工业在此地区适当集聚，承担工业中心及相应的各种城市功能，建立市镇区间绿化隔离，控制城镇群沿交通干线盲目蔓延；确保基本农田保护区。

（3）开敞区：以农业为主的包括镇、村、农田、水网、丘陵等用地的地区（包括部分规模适中的新城居住聚居地），是经济区主要的农业产地，承担农业基地功能。适度控制第二产业的集聚规模，限制村办工业，限定管理区一级非农产业的发展规模，市镇适当集聚。

（4）生态敏感区：对区域整体生态环境起决定性作用的大型生态要素和生态实体，如国家级自然保护区、森林山地、水源地、大型水库、海岸带以及自然景观旅游区等。严格控制开发强度，禁止工业企业、房地产开发项目侵入，防止城镇建设用地对此区域土地的蚕食。

1　其他四个专题为：珠江三角洲经济区产业布局规划、基础设施规划、环境保护规划、社会发展规划。

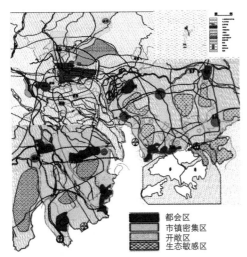

图 1-1　珠三角城市群四种用地模式空间
分布示意
资料来源：珠三角经济区城镇群规划——
协调与持续发展，1995

该规划是全国最早发掘区域协调发展问题并试图通过规划干预区域发展的
规划，对控制城镇随意蔓延、引导与协调大型基础设施布局起到积极的作用。但
由于未能形成有效的管治体系和强制性的推行手段，城镇连绵发展趋势、部分生
态敏感区被蚕食现象并未得到遏制。

1.1.2　2000~2009 年：以区域绿地为抓手推进区域空间分类管治

进入 2000 年，为遏制区域生态环境恶化，限制城镇过度连绵发展，在借鉴
大伦敦"环城绿带"、巴黎（大区）区域绿色规划等经验基础上，广东省建设委
员会（现为省住房和城乡建设厅）组织省内外规划研究队伍开展有关"区域绿地"
的研究，提出了全省区域绿地总体布局框架，并组织编制了《广东省区域绿地
规划指引》，希望在区域层面划定永久保护的绿地，并对具有重大自然、人文
价值和区域性影响的绿色开敞地区进行严格保护，以守住区域的生态安全底线。
区域绿地，是指实行永久性严格保护和限制开发的，具有重大自然、人文价值和
区域性影响的绿色开敞地区，包括生态保护区、海岸绿地、河川绿地、风景绿地、
缓冲绿带、特殊绿地等[6]。

《广东省区域绿地规划指引》按照禁止、限制、允许三个原则，提出了各
种区域绿地的管治要求，并根据区域绿地的生态敏感程度、价值重要程度和功
能兼容程度提出了一、二、三级管治要求。同时结合行政主管部门的事权划分，
提出了各类区域绿地的管治框架（图1-2），明确将区域绿地规划纳入区域城镇
体系规划，实行分级审批。

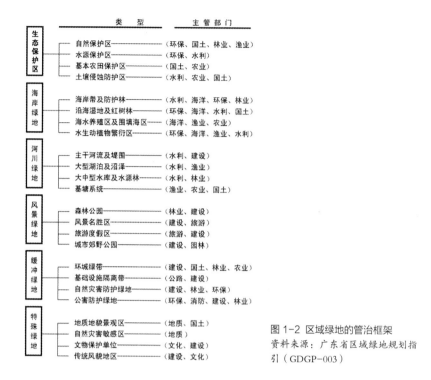

图 1-2　区域绿地的管治框架
资料来源：广东省区域绿地规划指引（GDGP-003）

分类管治方面，如对于自然保护区、水源保护区的管治，提出允许存在必需的管理维护设施、科研设施、必需的道路、通信等基础设施，原有的农林户生活设施，有限的观光考察接待设施，有限的农林业生产设施；禁止任何人进入自然保护区的核心区，禁止在自然保护区的缓冲区开展旅游和生产经营活动；在自然保护区的实验区开展参观、旅游活动，应经过相关管理部门的批准。

对于分级管治，提出一级管治（省管）一般适用于部分生态极其敏感的自然保护区、重要水域和湿地、基本农田保护区以及具有重大意义的历史文化遗址等区域绿地类型，其他区域绿地为二级管治（地市管）。凡属一级管治的区域绿地，必须绝对保持区内自然状态和原有状况。除维护原生系统所必需的设施外，禁止一切形式的人为开发建设行为，原有其他人工设施应逐步迁出，并着重加强对原生环境的恢复，维护和养育。属一级管治的区域绿地，建筑密度应低于0.5%，容积率应低于0.01，层高不得超过1层。

区域绿地的提出，不仅使规划建设思路从重点关注可建设用地转向关注不可建设用地，更重要的是从综合利用、合作共赢角度将生态资源的控制由各部门单向负责转向统筹协调，并落实到具体的空间安排上，是空间管治理念的深化。

遵循全省区域绿地总体布局和区绿地分类、分级管治思路，在《珠三角城镇群协调发展规划（2004~2020）》中，不仅提出了"一环、一带、三核、网状廊道"的珠三角区域绿地布局框架，还结合地域功能和行政事权划分，提出了区域绿地、经济振兴扶持地区、城镇发展提升地区、一般性政策地区、区域性临港基础产业与重型装备制造业集聚地区、区域性重大交通枢纽地区、区域性重大交通通道地区、城际规划建设协调地区、粤港澳跨界合作发展地区等 9 类政策分区和监管型管治、调控型管治、协调型管治、指引型管治等四级空间管治[7]制度（表 1-1）。这不仅延续和深化了《珠三角经济区城市群规划》提出四种用地模式构成的管治理念，更是区域空间管治思路的创新，体现了以城镇空间管治为核心的发展思想（房庆方等，2007）。

为落实《珠三角城镇群协调发展规划》构想，2006 年颁布的《珠三角城镇群协调发展规划实施条例》以省立法规的形式明确了"区域绿地"的法律地位，以通过区域绿地这一抓手强化对绿色空间的管治，坚守珠三角生态"底线"。

珠三角政策区划与空间管治指引　　　　　　　　　表 1-1

分级	政策区划	空间管治措施
一级管治（监管型管治）	区域绿地	省、市政府共同划定区域绿地"绿线"和区域性交通通道"红线"，各层次、各专项规划均不得擅自更改。遵照"绿线"、"红线"管制要求，由省人民政府及主管部门通过立法和行政手段进行强制性监督控制，市政府实施日常管理和建设。
	区域性交通通道	
二级管治（监管型管治）	区域性临港基础产业与重型装备制造业集聚区	由省人民政府对发展类型、建设规模、环境要求和建设标准提出有针对性的调控要求，城市人民政府负责具体的开发建设。严格限制与区域发展总体目标不一致、与《珠三角城镇群协调发展规划》确定的主要发展职能相矛盾的粗放式开发建设行为。
	区域性重大交通枢纽地区	
三级管治（监管型管治）	城际规划建设协调地区	相关城市共同制定发展规划、确保功能布局、交通设施、市政公用设施、公共绿地等方面的协调，并在充分协商、合作的前提下，自主开展日常建设管理。城际规划建设协调地区违反《珠三角城镇群协调发展规划》，损害相邻城市利益的行为，由省人民政府责令改正。粤港、粤澳跨界合作发展地区，通过粤港、粤澳合作联席会议机制协调。
	粤港澳跨界合作发展地区	
四级管治（监管型管治）	经济振兴扶持地区	省人民政府根据法律、法规的有关要求，指导各城市编制下层次规划。各地方政府要严格执行现行城市规划、建设和管理的政策、法规及技术标准，全面提升该类地区的经济社会发展水平和人居环境建设质量。
	一般性政策地区	

资料来源：珠三角城镇群协调发展规划（2004~2020）

1.2 触媒：宜居城乡建设与区域绿地管治思路的转变

2008 年受国际金融危机影响，珠三角外向型经济受到重挫，这使得珠三角转型有了紧迫性；同时也提出了解放思想，提高城市宜居建设的要求。由此，《中共广东省委省人民政府关于争当实践科学发展观排头兵的决定》（粤发〔2008〕5 号），明确将现代产业体系构建和宜居城乡建设列为推动广东科学发展的任务之一。而 2009 年 1 月国务院颁布实施的《珠江三角洲地区改革发展规划纲要（2008~2020）》则从国家战略和政策保障角度明确了推动改革创新、转变发展方式、解决民生突出问题、促进城乡区域协调发展等方向与目标。

为落实和推进改革创新、转型发展、宜居城乡建设，广东省的决策者们除了在思考新的措施和手段外，对于加强城乡规划的导控，推进区域绿地的划定和管理方面也始终没有放弃。虽然 2006 年以来现实中"区域绿地"的划定工作进展一直不如意，以保护为重点的工作也未能得到地方政府的积极响应，但在 2009 年 2 月由广东省住房和城乡建设厅召开的区域绿地划定工作专家座谈会上，与会专家和领导仍对区域绿地的作用和划定保持了极大关注和热情，并提出了"是控制绿地还是利用绿地""区域绿地与城乡宜居环境改善关系"等具有方向性思考的问题，萌发了"在绿廊中修建慢行道，把市民引入绿廊，让绿廊在市民的使用中得到关注"的思路。由此，产生了"在绿廊中修建慢行道，使生态廊道成为绿道，实现使用中保护绿地的思路"（曾宪川、马向明等，2010）。

2009 年 7 月 20 日出台的《中共广东省委办公厅 广东省人民政府办公厅关于建设宜居城乡的实施意见》再次坚持了"区域绿地"这一理念，提出开展区域绿地划定工作，维护区域生态安全；同时还明确提出"编制省立公园——珠江三角洲绿道建设规划"。由此，催生了区域绿道的构想。

可以说，广东绿道思想的形成，是珠三角应对经济快速发展、人口高度集聚所带来的生态破坏、环境污染、城乡建设无序、人们生活舒适度下降等一系列问题而进行长期探索与思考的结果。

1.3 燃点：建设绿道网的相关建议引起省委书记的高度关注

在考察学习欧美绿道规划建设经验的基础上，2009 年 8 月 21 日，由广东省住房和城乡建设厅、省委政研室牵头起草并上报了《关于借鉴国外经验率先建设珠三角绿道网的建议》。这一建议引起时任省委书记汪洋的高度重视。汪洋书记在建议稿上作出批示："同意所拟，可否拍一部说理性、可视性很强的专题片，什么时候各市主要领导来省参加会议时放一下，然后发一份材料，省领导再提提要求，把这项工作部署下去。请酌办。"时任广东省省长的黄华华也称赞"此建议很好"，要求省住建厅会同省直有关部门研究提出率先建设珠三角绿道网的意见。

为落实省委、省政府主要领导的指示，省住房和城乡建设厅立即响应，组织动员省内相关规划设计机构组成联合工作组，分别从珠三角绿道网总体规划、绿道宣传片、绿道规划建设技术标准方面开展基础研究、方案策划等系列工作。2009 年 11 月，省住房和城乡建设厅向省政府报送了《关于先行开展珠三角绿道网规划建设工作的请示》，黄华华省长、黄龙云副省长、林木声副省长批示同意并明确要求 2009 年底前编制完成《珠三角绿道网规划纲要》。2009 年 11 月 24 日，汪洋书记在观看了宣传短片《绿道——建设宜居城乡的希望之路》和听取绿道规划汇报后，当场拟定了绿道建设"一年基本建成，两年全部到位，三年成熟完善"的三年工作计划，并在 2010 年 1 月的中共广东省委十届六次全会上，作出建设珠三角绿道网的重大战略部署。由此，绿道思想和构想正式上升为省委、省政府的重大决策，该过程也生动地展示了从最初理念"谋划"、到政策"策划"、到空间"规划"，最后到行动"计划"的推进演变过程。

2 广东绿道规划建设进展

自 2009 年 8 月省委、省政府主要领导指出要明确开展珠三角绿道网规划建设以来，广东的绿道规划建设大致形成了规划建设协同推进、完善规划建设与强化管理、功能完善与绿道升级三个阶段。

2.1 绿道规划设计与建设协同推进阶段（2009~2011 年）

以 2009 年 11 月《珠三角地区绿道网总体规划纲要》编制工作的全面开展为起点，拉开了珠三角绿道网规划设计的"大会战"，形成了以广东省城乡规划设计研究院为区域绿道网布局统筹整合的牵头单位，珠三角九市相关城乡规划设计机构为地方绿道选线布局和详细设计的支持单位，深圳市北林苑景观及建筑规划设计院为绿道规划建设标准研究的技术支持单位，协同开展珠三角区域绿道网、城市绿道网以及各城市绿道示范段的规划设计。这创造性地形成了区域规划编制"省市联动、上下对接"的新模式。至 2011 年底，覆盖珠三角城乡的区域绿道网规划设计基本完成。同时，为加强和规范全省绿道的标识，采用方案征集方式，确定了广东绿道的标识系统设计与建设。

按照时任广东省委书记汪洋"一年基本建成，两年全部到位，三年成熟完善"的工作要求，珠三角九市的绿道建设在 2010 年 3 月之后陆续展开，在省绿道建设领导小组的督导和绿道建设月度、季度进展呈报考核机制作用下，一场轰轰烈烈的绿道建设大会战、大比拼在珠三角全面铺开。同时，颁布《珠三角区域绿道（省立）规划建设工作检查考核办法》，推进绿道规划建设工作。至 2010 年底，珠三角绿道网 2372 公里省立绿道全线贯通（大大超过《珠三角绿道网总体规划纲要》提出的 1690 公里目标），18 个省立绿道城际交界面全部实现互联互通，超额完成"一年基本建成"的任务目标。在此基础上，以珠三角为核心向粤东西北扩展的《广东省绿道网建设总体规划》的编制也在 2011 年全面展开。

由于前期规划论证设计时间仓促，在绿道路段施工图设计和建设中经常会发现前期规划设计的不合理问题，为规划设计的改进和优化提出良好的反馈意见，从而在地市以下层级的绿道建设中形成了规划设计与建设协同推进、互相校核的状态。

2.2 完善绿道规划建设与强化管理阶段（2012~2014 年）

2012 年 5 月，《广东省绿道网建设总体规划》由省政府批复实施（粤府函[2012]99 号），标志着珠三角绿道网在战略和实施层面扩展至全省。这一阶段，全省绿道网建设形成两大核心任务：一是珠三角绿道网的"成熟完善"，二是粤东西北以城市建成区为核心向外围延伸的省立绿道的"基本建成"。在省住房城乡建设厅的统筹策划下，各地市因地制宜推进了绿道的规划建设，截至 2013 年底，珠三角共建成绿道网 8298 公里（其中包括 2372 公里省立绿道和 5926 公里城市绿道），以珠三角为核心贯通全省的绿道网络基本形成，并通过强调绿道的综合功能开发，实现了"两年全部到位，三年成熟完善"的建设目标。

为使绿道的管理、运营跟上规划建设的步伐，在这一阶段，全省上下积极探索建立多元化的管理模式，推进了绿道管理的机制及制度建设。省级层面以年度工作要点方式统筹指导推进全省绿道网的规划建设，地方层面则在省的指导下探索绿道建设管理的创新，探索以属地管理为基础的管理与维护模式，助推绿道建设管理水平的提高。深圳、佛山等部分城市创新工作方式，成立了绿道网规划建设联席会议制度，协同推进绿道网规划建设与管理。粤东西北地区则充分借鉴珠三角地区的建设经验，也初步建立起绿道管护运营的相关机制。其中从省的层面则制定了《广东省绿道网规划建设管理规定》（2013 年 8 月颁布实施）等，明确绿道网规划建设的管理要求（表 1-2）。地方政府层面则出台了地方性的绿道管理办法，细化绿道的管理，如《广州市绿道管理办法》《珠海市绿道管理办法》

《东莞市珠三角绿道网管理标准》《东莞市珠三角绿道网监理工作指引》等。

另外，财政资金支持也加大了力度。省级层面，2012 年由原来省财政每年安排绿道网建设工作经费 1000 万元（自 2010 年起）提升至 2000 万元，分类用于省级绿道工作统筹指导和补贴粤东西北地区的绿道网建设。这使得绿道网从政策到资金层面均有了较好的后盾支持。

2010 ~ 2014 年广东省针对绿道网规划、建设、管理出台重要文件　表 1-2

配套规划设计标准	
1	《珠三角区域绿道（省立）规划设计技术指引》（2010）
2	《广东绿道标识系统方案设计》（2010）
3	《绿道连接线建设及绿道与道路交叉路段建设技术指引》（2010）
4	《广东省绿道控制区划定与管制工作指引》（2011）
5	《广东省省立绿道建设指引》（2011）
6	《广东省城市绿道规划设计指引》（2011）
7	《广东省绿道网"公共目的地"规划建设指引》（2013）
8	《广东省绿道网综合功能开发导则》（2014）
9	《广东省绿道网升级行动计划编制指引》（2014）
监督检查与考核办法	
10	《珠江三角洲区域绿道（省立）规划建设工作检查考核办法》（2010）
绿道管理政府规章	
11	《广东省绿道网规划建设管理规定》（2013）
配套资金管理办法	
12	《广东省绿道建设专项资金管理办法》（2014）

资料来源：广东省住房和城乡建设厅

2.3 绿道功能完善与升级发展阶段（2015 年之后）

随着绿道从珠三角向全省拓展、从区域连通到深入城市社区，广东绿道进入功能完善与提升发展阶段。《中共中央国务院关于加快推进生态文明建设的意见》（中发 [2015]12 号）和《广东省委省政府关于加快推进我省生态文明建设的实施意见》（粤发 [2016]22 号）的颁布实施，从政策层面支持了广东绿道的功能完善和内涵提升，而推动绿道与文化传承、绿道与乡村发展的结合是其中的重点，也是近期广东绿道功能完善与升级发展的主要抓手。

对于珠三角地区绿道网，提出要充分利用自然、人文资源和绿地广场等社会空间，突出特色旅游、科普教育、体育健身和文化服务四大功能，依托"公共

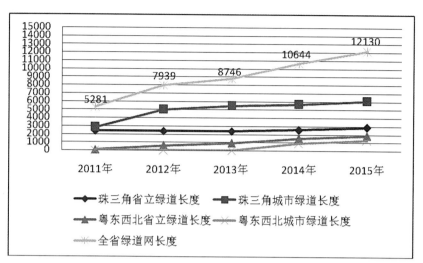

图 1-3 2011~2015 年全省绿道网建设里程（公里）
资料来源：广东省住房和城乡建设厅

目的地"实现以"点"带"线"，拓展绿道网综合功能，并促使运营效率提升。对于粤东西北，要求各市必须结合中心城区扩容提质工作安排，落实绿道建设年度计划，并按照"建设一段，完善一段"的原则，督促各地做好绿道慢行道的管养和绿化培育，确保功能性设施的高效和安全。

同时，结合新时期省委、省政府推进新型城镇化的重点工作部署，广东省创新地提出将社区体育公园、水岸公园、古驿道建设纳入绿道建设体系，全面推进以社区体育公园、水岸公园为节点，结合南粤古驿道保护利用，以"玉带串珠"的形式将各种元素重新整合纳入省绿道体系，进一步拓展绿道网的生态功能和综合功能，同时充分体现绿道建设对传承历史、弘扬传统文化的目标要求。另外，结合全省各地市生态控制线的划定，通过绿道进一步将生态保育用地、园林绿地、生态公园、生态林地等具有生态保护作用的区域串联起来，建构区域绿色基础设施网络。截至 2015 年底，全省绿道网（包括省立绿道、城市绿道）累计建设里程超过 1.2 万公里（图 1-3），其中珠三角约 8970 公里，粤东西北地区 3160 公里。

广东省人民政府 2016 年《政府工作报告》明确提出了"修复南粤古驿道，提升绿道网管理和利用水平"的工作目标。由此推动着广东绿道的规划建设核心向古驿道修复转变。所谓古驿道，是指古代国家为政治、军事、财政需要，从中央向各地传递谕令、公文，官员往来，运输物资而开辟的道路，并在沿途设有驿站，配备驿卒、驿马、驿船等设施，提供易换马匹、暂住服务的地方。南粤古驿道是指现广东省境内 1913 年前建成，用于传递谕令、公文，官员往来、运输物资而开辟的道路以及沿途设置的关隘、驿、铺等场所，包括陆路、水路两部分（广东省住房和城乡建设厅，2016）。

推动古驿道保护利用工作的意义在于：一是进一步深入挖掘、合理利用古驿道沿线的历史文化和自然资源。通过古驿道串联起众多的历史古迹、传统村落、革命遗址、工业遗产等历史遗存，深入挖掘沿线地名、历史事件等历史载体和记忆符号，提升古驿道的历史文化价值。二是以古驿道为抓手，推动沿线村落的社会经济发展。在对古驿道资源进行保护、修复和利用的基础上，根据各地区古驿道的分布特点和遗存情况，结合精准扶贫、农业景观开发、旅游开发利用、休闲健康及体育活动策划等，为古驿道沿线地区注入新的活力，解决村庄空心化、废墟化及衰落等问题，全面改善农村人居生活环境。三是提高古驿道的可达性，结合现代技术加大对古驿道的展示和宣传。利用高速公路、高铁等现代交通方式以及绿道与古驿道充分衔接，加强对古驿道的宣传推广，建设古驿道博物馆、文化主题公园等，完善标志系统的构建，通过互联网、大数据等现代科技和手法展示古驿道。

3　广东绿道建设主要成效

广东绿道的发展建设，不仅拓展了城市绿地的供给方式，提升了各级城市和珠三角的宜居水平，还掀起了全国的绿道建设潮，成为践行生态文明建设的重要方式。珠三角绿道网建设工程先后获"2011 年度中国人居环境范例奖"、"2012 年迪拜国际改善居住环境最佳范例奖"（联合国人居署颁布）。综合《珠江三角洲绿道网效益评估研究》[1]和佛山（杨香花等，2011）、东莞（林金，2013；李硕等，2016）、肇庆（张西林，2012；胡荻菲等，2014）、韶关（罗晓莹等，2014）等城市有关绿道建设使用的调查，广东绿道建设成效主要体现在以下三个方面：

3.1　促进了生态与城乡人居环境的改善

广东绿道网建设所取得的成效，首先是以生态环境的显著改善为代表，诠释了绿道在提升城乡生态环境和建构区域绿色基础设施所能发挥的积极作用，即通过绿道实施对公园、绿地、森林、河流、山脉以及人文遗迹地等生态要素的串联与重组，提升这些绿色开敞区域在植被保护、水源涵养、生物多样性保护、文化传承等多个方面的基础作用，并重新激发了这些区域的活力。

绿道网对于城乡人居环境的改善主要体现在绿道成功地将城市内部住宅区、

1　该研究由广东省住建厅委托中山大学开展，评估方法包含了调研访谈、问卷调查、比较分析以及条件价值评估法（CVM）等。问卷调查部分选择的受访对象为珠三角 9 市的本地居民，调研组共发放问卷 1500 份，其中回收有效问卷 1273 份。

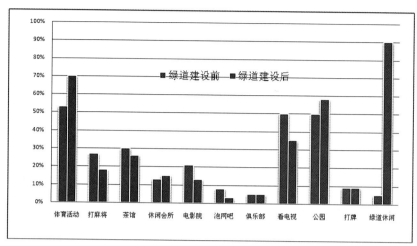

图 1-4 珠三角绿道建设前后居民各类休闲活动方式对比
资料来源：徐东辉，2014

公园、绿地等开敞空间与城市外部的自然保护区、风景名胜区和森林公园等生态要素串联起来，形成完整的生态保护和生活休闲空间系统，为城乡居民提供了更为广阔的户外活动空间。根据东莞调查[1]，有九成绿道使用者认为绿道建设改善了东莞的生态环境。东江沿线生态环境的改善是其生态效益的典型代表（李硕等，2016）。据统计，珠三角居民平均每月使用绿道10次左右，平均每次使用半小时左右，与其他公共休闲设施利用相比，绿道的使用频率超过平均水平（图1-4）。

3.2 体现了较好的经济效益

一是推动绿道旅游业发展。绿道休闲游逐步成为一种新兴的旅游产品，成为目前低碳旅游的一种有效方式。结合绿道所串联的旅游景点，可打造多样化的旅游产品；游客可通过租赁公共自行车，开展绿道旅游活动。根据初步统计，经过近五年绿道建设，珠三角区内已形成精品路线46条，旅游人数同比增长近10个百分点，旅游收入增长25个百分点。江门市2011年绿道沿线共接待游客2686.08万人次，游客人数同比增长了28.41%；惠州市红花湖绿道2011年10月初建成以来，接待游客超过10万人次，2012年国庆节期间游客日超8000人次，游客人数较绿道建成前大幅提升。东莞环黄牛埔水库绿道成功承办全国业余自行车联赛等多项活动后，已成为东莞的一张旅游名片（李硕等，2016）。

二是绿道建设普遍带动沿线土地价值提升。绿道建设通过城市绿化、景观改良等措施改善了住宅区的居住环境；绿道提供为沿线居民出行、休憩、娱乐的绿色通廊和公共开敞空间，从而提升了周边土地的附加价值；绿道作为慢行系统

1　调查由东莞市城建规划设计院组织，从2012年8月底开始，范围涉及东莞全市32个镇街及松山湖科技产业园、生态园、虎门港三个功能区，对象为东莞的原居民和新东莞人，同时在东莞市城乡规划局网、东莞市政府网站、东莞市绿道办网和爱单车网开展了网络问卷调查，共有6605名网民参与了调查。

改善了住宅区到达公园或绿地系统的可达性。例如，肇庆环星湖绿道带动沿线居住楼盘均价提升 1000~2000 元 / 米^2；广州南沙多处楼盘以绿道之名加以宣传，楼价从 2010 年 4 月份 5000 元 / 米^2 上涨到 2011 年 1 月的 9000 元 / 米^2。

三是带动了农村经济的增长。绿道沿线的自行车租赁点、农家乐等大量出现，推动了农民增收，日常维护管理及绿地养护又提供了一定就业。以中山市新安村为例，绿道驿站的自行车租赁点为当地农村家庭运营维护，他们的月收入达 7000 元以上。与此同时，日常管理维护需要雇佣 1~2 位保安及多名绿地养护工作者，有效解决了农村剩余劳动力的就业问题。此外，绿道建设带动农家乐的发展，如惠州市将驿站结合野趣园等农家乐经营，野趣园经政府投资改造后，现今成为省星级农家乐，营业面积 2.2 万平方米，拥有 5 星级停车场，平均每天接待游客 600 人，人均消费 40~60 元；平均每月营业额高达 60 万元，绿道建成后营业额增加 20%~30%；帮助解决村民就业，固定就业人数 50 多人，节假日或有大型包餐还会扩招 30~50 人。

四是促进了自行车相关行业的发展。绿道的建设带动自行车出行活动"井喷式"发展。随着绿道上自行车使用者的增加，广州、中山、深圳、佛山、惠州、珠海先后启动了公共自行车租赁系统。这直接带动了上下游产业发展，包括自行车租赁、销售、维修，以及自行车租赁店的维护管理等，带动产业发展的同时提供就业。据东莞的调查，绿道建设后，中高档自行车品牌在网点的销量也大增。2011 年的东莞大众自行车销售量约有 100 万辆，目前东莞中高档品牌自行车的保有量约有 4 万辆（李硕等，2016）。

3.3 形成了良好的社会效益

绿道建设和绿道休闲旅游活动的开展对当地社区居民的社会影响是多方面的，包括增强了当地居民生活的幸福感、向当地居民传播了新的休闲文化、改变了当地居民的休闲行为习惯、提升了当地居民的文化自豪感、提升城市形象和居民的认同感等等。

绿道建设为城乡居民出行和运动休闲提供了更多选择，也丰富了市民文化活动，使当地居民认识到"原来生活可以更美的"，从而增强了当地居民生活的幸福感，对提高其文明素质和培养积极健康的价值观起着潜移默化的影响，从而也改变了当地居民的休闲行为习惯。以广州市为例，为促进市民身心健康，市体育局以绿道建设为契机开展"融体于绿"的工程，打造城市社区"10 分钟体育健身圈"，有效利用绿道的内部空间，大力推动体育基础设施建设，迎合了市民对健身休闲的需求。佛山的一项调查（杨香花等，2011）表明，绿道建成后，公众休闲的方式总体虽变化不明显，但去绿道休闲的人数急剧增加，大家热衷去绿道休闲娱乐。

绿道提升城市形象和居民的认同感。目前，珠三角绿道已成为宣传特色文化的窗口，绿道的四大品牌"特色旅游"、"体育健身"、"文化服务"和"科普教育"在政府和市民的共同推动下正在形成，由此大大提升市民对城市的认同感。例如，对肇庆市教育局开展的访谈结果显示，绿道已成为很多学生心中家乡的印象之一，提升了本地居民对家乡的认同感和归属感，同时推广普及了环保理念，提升了环保意识。

本章主要参考文献

1、李铭，方创琳，孙心亮 . 区域管治研究的国际进展与展望 [J]. 地理科学进展，2007(4).

2、房庆方，等 . 建立协调高效的区域城乡规划管理新架构——《珠江三角洲城镇群协调发展规划实施条例》带来的变化 [J]. 城市规划 ,2007(12).

3、曾宪川，马向明，等 . 珠三角绿道网——推进宜居城乡建设的新举措 [J]. 南方建筑 ,2010(4).

4、中山大学 . 珠江三角洲绿道网效益评估研究 ,2013 年 .

5、徐东辉 . 珠三角绿道网规划建设实践与实施成效 [J]. 华中建筑 ,2014(1).

6、杨香花，刘云刚，刘雪妹 . 佛山绿道公众感知情况调查研究 [J]. 城市观察 ,2011(6).

7、林金 . 广东东莞市绿道网建设现状、问题及对策 [J]. 中国园艺文摘，2013(8).

8、李硕，杨景胜，孙稳石 . 东莞市绿道网建设实施评估研究 [J]. 工程建设标准化，2016 年 7 月 (总第 212 期).

9、张西林 . 肇庆星湖绿道使用状况调查及评价 [J]. 热带地理 ,2012(4).

10、胡荻菲，肖光明，朱少华 . 肇庆市绿道休闲旅游对当地社区的影响 [J].，肇庆学院学报 ,2014(4).

11、罗晓莹，黄耀君等 . 社区绿道系统使用后评价 (POE) 研究——以韶关市为例 [J]. 中国农学通报，2014，30(25).

12、广东省住房和城乡建设厅 , 深圳市城市空间规划建筑设计有限公司 . 寻找南粤古驿道——南粤古驿道文化线路保护与利用规划研究 (征求意见稿).2016.12.

第二章
广东绿道网规划

1 绿道、绿道网概念与内涵

绿道 (greenways) 一词是由 "greenbelt" 和 "parkway" 两个词汇发展而来，其含义主要是在环城绿带和公园游径基础上发展起来的，属于位于城市及其郊区的线型开放空间。1959 年绿道一词首次在相关文献中出现并被怀特 (Whyte [W H]) 所用，之后在 1987 年被美国户外游憩总统委员会 (President's Commission on Americans Outdoor) 官方认可并写入《美国户外报告》。虽然欧美国家和地区较早开展了大量的绿道实践和研究，但至今仍无统一的定义，更多的是各国或地区根据自身区域特点进行的界定和描述。

1.1 绿道的定义

1987 年，绿道概念首次得到美国户外游憩总统委员会的官方认可。总统委员会在《美国户外报告》明确将绿道定义为 "为人们在居住地附近提供进入开放空间的机会……连接城区和郊区……像巨大的环流系统一样串联起城市与乡村"。这时绿道的定义中已经开始包含网络的概念，范围从城市及其郊区扩展到了整个城乡区域。

1990 年，查理斯·莱托 (Little C.) 在其经典著作《美国的绿道》(Greenway for American) 中进一步深化了绿道的含义，他将绿道描述为 "绿道是连接公园、自然保护地、名胜区、历史古迹等与高密度聚居区之间的开敞空间纽带；是可能沿着河滨、溪谷、山脊线等的自然走廊，或是沿着用作游憩活动的废弃铁路线、沟渠、风景道路等的人工走廊"。在查理斯·莱托的描述中，他通过对 16 个绿道项目的总结，将绿道的功能、规划方法等相关内容在绿道的定义中进行了高度

图 2-1 绿道意向图

的概括。这一具象化的定义成为向公众宣传绿道的有效手段，是目前各国绿道
规划建设中最广泛使用的定义。1995 年马萨诸塞州立大学景观建筑学系教授杰
克·埃亨（Ahern J.）在文献综述的基础上并结合美国的经验，对绿道作出的
定义更加全面，认为绿道是"一种以土地可持续利用为目的而被规划或设计的、
包括生态、娱乐、文化、审美等内容的土地网络类型"。他认为绿道具有线状的
外形轮廓；连通性是其主要特征；是为满足可持续发展战略，平衡自然保护和经
济发展的要求；是其他非线状景观规划的重要补充，通过连接其他非线状重要景
观系统形成综合性整体以达到景观保护的目的。这一定义也成为另一被广泛认可
的绿道定义。

综合查理斯·莱托（1990）、埃亨（1995）等学者的定义，在《珠三角绿
道网规划纲要》（2010）中创新性地提出了既符合绿道基本特点又符合珠三角
实际的绿道概念。《珠三角绿道网规划纲要》认为：绿道是一种线形绿色开敞空间，
通常沿着河滨、溪谷、山脊、风景道路等自然和人工廊道建立，内设可供行人和
骑车者进入的景观游憩线路（图 2-1），连接主要的公园、自然保护区、风景名
胜区、历史古迹和城乡居住区等。

在构成上，绿道主要由自然因素所构成的绿廊系统和为满足绿道游憩功能
所配建的人工系统两大部分组成（图 2-2）。

（1）绿廊系统。主要由地带性植物群落、水体、土壤等具有一定宽度的绿
化缓冲区构成，是绿道控制范围的主体。

（2）人工系统。主要由发展节点、慢行道、基础设施、服务系统和标识系

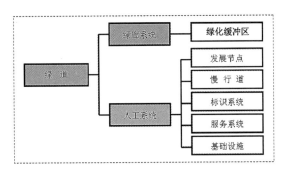

图 2-2 绿道的构成
资料来源：珠三角区域绿道（省立）规划设计技术指引

统等构成。

发展节点：包括风景名胜区、森林公园、郊野公园和人文景点等重要游憩空间。

慢行道：包括自行车道、步行道、无障碍道（残疾人专用道）和水道等非机动车道。

基础设施：包括出入口、停车场、环境卫生、照明、通讯等设施。

服务系统：包括休憩、换乘、租售、露营、咨询、救护、保安等设施。

标识系统：包括标识牌、引导牌和信息牌等标识设施。

1.2 绿道的分级、分类

1.2.1 绿道的分级

为体现"省市联动、上下对接"的建设思路，在珠三角绿道网规划方案编制中提出了"省级层面抓跨地市的区域绿道、城市层面重点抓跨城市组团的绿道和组团内绿道"的想法，并且这一想法得到省领导的认可。在珠三角绿道网规划的实施中也贯彻落实了这一想法，明确按省市分工合作要求，协同推进区域绿道（省立绿道）、城市绿道和社区绿道的建设。

（1）区域（省立）绿道：是连接城市与城市，对区域生态环境保护和生态支撑系统建设具有重大意义的绿道，由省政府统一规划，地市具体落实与实施。

（2）城市绿道：是连接城市内重要功能组团，对城市生态系统建设具有重要意义的绿道。由地市及以上市统一规划，统筹实施。

（3）社区绿道：是指社区内部和连接社区与公园、小游园、街头绿地、公共活动场所等空间，主要为社区居民提供游憩、休闲、健身服务，并承担社区内主要步行出行功能的绿道。由县市或街镇统一规划，统筹实施。

绿道分类关系表   表 2-1

绿道类型		绿道主要功能
都市型绿道	都市休闲型绿道	休闲功能
郊野型绿道	郊野休闲型绿道	
	郊野体验型绿道	体验功能
生态型绿道	生态体验型绿道	
	生态保育型绿道	保育功能

1.2.2 绿道的分类

在绿道分级的基础上，考虑绿道作为线性开敞空间，可能穿越城镇、城郊、乡村地区和生态地区，由此根据绿道所穿越地区和目标功能的不同，将绿道分为都市型、郊野型和生态型三种类型（表2-1）。

都市型绿道：主要集中在城镇建成区内，依托人文景区、公园广场和城镇道路两侧的绿地而建立，为人们慢跑、散步等活动提供场所，体现为都市休闲功能，同时对区域绿道网起到全线贯通的作用。

郊野型绿道：主要依托城镇建成区周边的开敞绿地、水体、海岸和田野，通过登山道、栈道、慢行休闲道等形式，为人们提供亲近大自然、感受大自然的绿色休闲空间，实现人与自然的和谐共处。可进一步细分为郊野休闲型绿道和郊野体验型绿道。

生态型绿道：主要沿城镇外围的自然河流、溪谷、海岸及山脊线建设，通过对动植物栖息地的保护、创建、连接和管理，来维护和培育区域生态环境，保障生物多样性，可供自然科考以及野外徒步旅行。可进一步细分生态体验型绿道和生态保育型绿道。

1.3 区域绿道网的定义

由众多区域绿道、城市绿道和社区绿道所构成的网络状绿色开敞空间系统，即为区域绿道网（图2-3）。这些绿道通过自行车道、步行道和一定宽度的绿化缓冲，将区域具有较高自然和历史文化价值的各类郊野公园、自然保护区、风景名胜区、历史古迹等重要节点串联起来，形成融生态保育、环境治理、运动休闲、旅游观赏等功能于一体的城乡线性开敞空间网络。

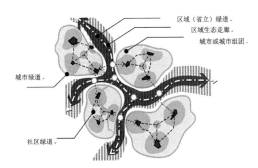

图 2-3 区域绿道网概念示意图
资料来源：马向明、程红宁，2013

2 广东绿道网规划关注的重点

2.1 选线：尊重资源本底、政策要求和地方意愿

绿道选线是绿道网规划布局的第一步。国内外绿道规划建设的经验显示，影响绿道选线的资源要素主要包括自然生态要素、人文要素、现状道路和城镇布局等。因此，在广东绿道选线中采取尽量结合现有地形、水系、植被等自然资源特征，避免大规模、高强度开发，保持和修复绿道及周边地区的原生生态功能，协调好保护与发展的关系，保持和改善重要生态廊道及沿线的生态功能与景观。同时，注重连接具有代表性的历史聚落、传统街区和文化遗迹等人文要素，充分挖掘和突出地方人文特色，丰富绿道的人文内涵。另外，充分利用可供行人和骑车者进入的现状道路以及废弃铁路线，并且靠近城镇点，方便居民使用。

自然要素：主要包括河流、山体、田园和海岸等。河流、山体、田园和海岸是生物多样性、景观独特性的集中地带，也是人们休闲向往的地带，绿道选线应优先考虑靠近河流、山体、田园和海岸等区域。其中体现自然肌理的水系边缘（江、河、湖、海、溪谷等水体岸线）、山林边缘、农田边缘（农田的田埂、桑基鱼塘的塘基）等线形廊道最能体现绿道内涵，应优先予以考虑。

人文要素：主要包括历史村落、文物古迹和文化遗产等方面。广东是岭南文化的重要发源地和近代民主革命的策源地，区内人文资源丰富，包括文物古迹、民族特色建筑、优秀近现代建筑、现状道路以及古驿道（历史上中原地区人口南迁和南北方文化经贸交通通道）等。绿道选线应结合各地人文资源的分布，将这些人文资源尽可能串联起来，以丰富绿道的内涵，更好地展示岭南文化。其中，废弃的铁路、景区游道、田间小道等非机动交通线路，以游憩和耕作功能为主，在选线时可重点考虑。而国道、省道、县道及高速公路等快速机动交通线路，一般不宜选作绿道路径。穿越城镇的绿道可与市政道路的慢行系统相衔接，利用居民购物、社交、游憩等活动的生活性道路而设置。

政策要求：主要包括绿道途经地区地段的生态环境保护要求、功能发展方向、土地使用规划及用途管制要求以及现有道路路权分配及管控要求等。

地方意愿：主要包括绿道途经地区地段发展节点（如城镇、村落、风景区、历史街区等）的发展意愿。

2.2 串点：尽可能串联重要生态节点、人文节点和城市开敞空间

发展节点（即兴趣点）是绿道主题和内涵体现的重要载体，也是绿道功能策划和持续活力的重要支撑。绿道网串联的发展节点主要包括自然保护区、风景名胜区、旅游度假区、森林公园、郊野公园、农田、历史村落、传统街区以及城镇建成区内部的大型居住区、商业区、文娱体育区、公共交通枢纽、公园、广场、绿地、乡村居民点等自然景观及人文景观节点。为突出绿道的主题，应优先挑选较高级别或者特色鲜明的节点（表 2-2），作为绿道优先串联的对象。

2.3 控绿：强调和划定一定宽度的绿廊或绿道控制区

绿道，从字面的本源理解，除了通道和游憩功能外，生态功能同样重要。因此，强调和划定一定宽带的自然开敞空间或绿化带（即绿廊或绿道控制区），必然成为绿道网规划的重要内容。绿道控制区是为保障绿道的基本生态功能、营造良好的景观环境、维护各项设施的正常运转，沿绿道慢行道路缘线外侧一定范围划定并加以管制的空间，主要包括绿廊系统和为设置各类配套设施而应保护和控制的区域。绿道控制区具有两方面功能：一是发挥防洪固土、涵养水源、净化空气和缓解城市热岛效应等生态作用，为动植物生存繁衍和迁徙提供通道；二是为人们休闲和游憩活动提供设施与空间。

各类型绿道根据其职能要求的不同，绿道控制区构成和宽度也有所不同。根据《珠三角区域绿道（省立）规划设计技术指引》要求，生态型区域绿道控制区两侧（慢行道路缘外侧至划定的控制边界线之间的距离，下同）合计不少于 200 米，郊野型区域绿道两侧控制区合计不小于 100 米，且单侧绿化缓冲区不小于 15 米；都市型区域绿道两侧控制区合计不宜小于 20 米，且单侧绿化缓冲区不宜小于 8 米；上述控制区宽度均由绿道硬底化通道的边线开始计算。部分地段可根据实际情况作适当调剂，旧城区及建成区的控制区宽度可相应减少，

各类发展节点分级　　　　　　　　　表 2-2

节点类型	分级 / 特色		
	非常重要	重要	一般
自然节点	国家级、省级自然保护区	市级自然保护区	——
	——	观光农业园区	连片农田、基塘系统
		大、中型水库与湖泊	小型水库与湖泊
	国家、省级森林公园	市级森林公园	县级森林公园
	国家、省级风景名胜区	——	——
	国家、省级旅游度假区	市级旅游度假区	——
	——	郊野公园、湿地公园	——
人文节点	国家级历史文化名镇（村）、省级历史文化街区、名镇（村）	具有成片岭南建筑的街区历史文化遗迹	村庄
	全国重点文物保护单位、省级文物保护单位	市级文物保护单位	县级文物保护单位、区级文物保护单位、文物保护点
城市公共空间	大型居住区、大型商业区、文娱体育区、公共交通枢纽	——	——
	城市级公园、广场	区级公园、广场	社区公园、广场
	大型绿地	中型绿地	小型绿地
城乡居民点		宜居社区、乡镇、村庄等	

资料来源：珠江三角洲绿道网总体规划纲要

但不满足要求的连续距离不得超过 2 公里，控制区条件实在不足的不建议规划建设绿道。

2.4 交通衔接：因地制宜多方式衔接城市和区域交通

　　绿道作为联系区域主要休闲资源的线形空间和城市或区域交通的延伸，承担着为城乡居民提供便捷连续通道和休闲游憩空间的功能。因此，综合考虑交通要素，因地制宜多方式衔接城市和区域交通，也是绿道网规划的重要内容。

　　交通要素主要包括铁路、高速公路、国道、省道等现状道路及交通枢纽等设施。道路交通系统对绿道网络建设具有重要的影响，一方面道路本身是绿道网建设的重要交通支撑；另一方面绿道网要与交通网实现有机衔接，通过换乘系统方便居民便捷进入绿道。

图 2-4 平面交叉口处绿道过街设置
示意图
资料来源：深圳市北林苑景观及建
筑规划设计院

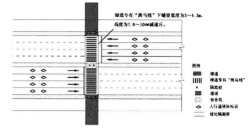

图 2-5 绿道过街设置示意图
资料来源：同图 2-4

　　绿道与城市或区域交通的衔接，主要包括：绿道与城市道路、城乡公共交通及静态交通的衔接。具体衔接方式包括：绿道与轨道交通、道路交通及静态交通的衔接；绿道通过轨道换乘站点与轨道交通衔接；通过高速公路出口、国道、省道接驳点与道路交通衔接；通过客运站、停车场周边的接驳点与静态交通进行衔接。在局部地区甚至出现绿道与城市轨道、主要交通干道建设共线。

　　因此，在保障交通安全的基础上，需要强化绿道与轨道交通站点、高速公路出入口的衔接，引导游客经轨道交通、高速公路便捷使用绿道；需要强化绿道与城市公交系统和慢行系统的衔接，在为城乡居民提供休闲游憩空间的同时，为居民特别是中小学生提供安全舒适的过街或出行路径（图 2-4、图 2-5）。同时，在绿道与道路衔接的出入口，可结合驿站设置公共停车场以及出租车停靠点，丰富交通衔接的形式。

2.5 设施配置：分层级组合性配置服务设施

　　基于绿道线性空间特点和生态、休闲等基本功能，分层级组合性配置服务设施便成为绿道网规划的重要内容。服务设施可根据绿道功能设置和管理维护需要，配套建设管理设施、商业服务设施、游憩设施、科普教育设施、安全保障设施、环境卫生设施、标识系统以及为保障绿道正常使用而必须配置的其他市政公用设施等。基于服务设施配置需要一定的规模效应和集聚效应，主要配套设施宜结合绿道驿站或重要景区进行配置。驿站是绿道使用者途中休憩、交通换乘的场所。

　　根据驿站的规模和服务范围可分为一级驿站、二级驿站和三级驿站三个层次。一级驿站，相当于"区域级"服务区，主要承担绿道管理、综合服务、交通换乘等方面功能，是绿道的管理和服务中心，建设间距为 20 ～ 30 公里，建设规模 100 ～ 200 平方米；二级驿站，相当于"城市级"服务区，主要承担售卖、休憩和交通换乘等方面功能，是绿道的次级服务中心，建设间距为 10 ～ 15 公里，建设规模 50 ～ 100 平方米；三级驿站，相当于"社区级"服务点，主要提供售卖、休憩、自行车租赁等基本服务设施，建设间距 3 ～ 5 公里，建设规模 20 ～ 30 平方米。各级驿站的建设可根据实际使用需求，优先利用现有设施，禁止建设破坏绿道生态环境的设施。

同时，基于都市型、郊野型和生态型绿道的不同特点，分层级配置驿站和服务设施（表 2-3）。对于都市型绿道应以便利服务为原则，结合城市（城镇）

绿道驿站及配套设施配置指引　　　　表 2-3

类 型	项目	生态型		郊野型		都市型	
		一级驿站	二级驿站	一级驿站	二级驿站	一级驿站	二级驿站
管理设施	游客服务中心	●	○	●	○	●	—
	管理中心	●	—	●	—	●	—
商业设施	售卖点	●	●	●	●	●	●
	自行车租赁点	●	●	●	●	●	●
	餐饮点	○	—	●	—	●	—
停车设施	公交站点	○	○	○	○	●	●
	公共停车场	●	○	●	○	●	○
	出租车停靠点	—	—	●	●	●	●
游憩设施	文体活动场地	—	○	●	●	●	●
	休憩点	●	●	●	●	●	●
科普教育	科普宣教设施	●	○	●	○	●	○
安全保障设施	解说设施	●	○	●	○	●	○
	展示设施	●	○	●	○	●	●
	治安消防点	●	●	●	●	●	●
	医疗急救点	●	●	●	●	○	○
	安全防护设施	●	●	●	●	●	●
	无障碍设施	●	●	●	●	●	●
环境卫生设施	公厕	●	●	●	●	●	●
	垃圾箱	●	●	●	●	●	●
	污水收集设施	●	●	●	●	—	—

资料来源：广东省绿道网建设总体规划（2011 ～ 2015 年）

或社区服务设施配置。对于郊野型绿道以综合服务的原则，结合驿站、村庄或重要景区景点，集中布置绿道配套设施。对于生态型绿道，应遵循"生态化"的原则，以满足游人的基本需求为目的，尽量减少人工设施的布置。（1）采用"星座型"的服务设施布局模式，结合重要景区和交通站点等人流集散地布设，服务设施的设计尽量简易和体现当地特色。（2）采用"极简主义"的基础设施布设理念，配套必要的基础设施。通过设置"无垃圾绿道"的标牌，提醒游人将垃圾随身带走，以削减绿道对于基础设施的需求，减少由于人工痕迹所造成的生态破坏。

另外，标识系统也是绿道规划中应该明确的配套设施。绿道标识系统主要包括：信息标志、指路标志、规章标志、警告标志等四大类。标识系统设置首要遵循生态、自然、和谐的原则，营造出协调互补的空间形态。标识布局要注重体现整体性和连续性，标识设置要以人为本，充分考虑人的心理习惯和视觉要求，分清主次，突出主体标识。还要注重根据当地自然、文化、历史等特点，充分发挥绿道生态、环保、教育、休闲等综合功能。

2.6 功能开发：依托资源特色和发展节点拓展绿道功能

绿道建好之后怎么用也是规划关注的重点。生态环保功能、环境改善功能是绿道的基本功能，适合于绿道大部分路段，绿道的休闲游憩功能与经济拉动功能的开发则需要通过项目来激发。为了充分利用绿道沿线的自然生态与历史人文资源，充分发挥生态环保、环境改善等绿道基本功能，深入发掘绿道的休闲度假、经济带动等拓展功能，可在规划中结合各地特色在文化、教育、体育、休闲度假等方面策划丰富多彩的绿道项目，如文化型、教育型、运动型、休闲型绿道等，以打造功能多样、特色鲜明的魅力绿道。

文化型绿道可设置于历史文化街区、历史建筑、古村落等人文发展节点地区，开展文化考察与旅游活动，让游人完整地领略城市的历史、文化内涵，丰富城市体验，增进对城市的认识。

教育型绿道可设置于森林公园、风景名胜区、自然保护区等生物资源丰富的自然发展节点地区，开展服务城乡居民的职业技能培训、湿地和自然保护区的开放式环境教育课程、户外拓展训练等，丰富居民业余文化生活，加强环境保护意识。

运动型绿道可设置于河岸、海岸、历史城区等自然和人文节点地区，主要开展环绕河岸、海岸、湖岸和历史城镇（村）的自行车赛或马拉松比赛，还可在海湾、郊野山林开展冲浪、户外越野等极限运动，倡导健康城市文化，提升城市影响力。

休闲型绿道可设置于温泉度假区、风景名胜区、特色农庄等环境优美的节点地区，并通过设置商业、购物以及休闲娱乐设施，使城乡居民能在工作闲暇与亲友一起游憩、聚餐等，是城市拉动内需、居民释放工作压力的最佳选择。

2.7 城际交界面衔接：选线、标准、时序等多方面的协同

城际交界地区尤其是珠三角水网密集、城镇连绵区域绿道规划建设的协同至关重要。这也是区域绿道网规划建设的难点。城际交界面是指省立绿道跨市的衔接面。城际交界面主要有三种类型，河流水系型、山林型和道路型（蔡云楠等，2013）。城际交界面建设的主要任务是通过统筹规划，协调各市绿道的走向和建设标准，将各市孤立的绿道通过灵活的接驳方式有机贯通，形成一体化的区域绿道网络。河流水系型交界面可通过改造现有桥梁、新建桥梁和水上交通换乘进行衔接；山林型交界面可通过改造现有山路或新开辟道路进行衔接；道路型交界面可通过改造现有道路或利用收费站、检查站等人行或非机动车通道进行衔接。城际交界面的协同主要包括城际交界地区绿道选线（包括跨江通道）、规划建设标准、建设时序以及建成后的运营管理等。

对于珠三角区域绿道网规划布局，除需要强调九市内部城际交界面的衔接外，还需要关注与港澳绿道网的跨界对接，以及向粤东西北地区的延伸预留通道。

3 绿道网规划的工作方法

广东绿道网规划方案的形成，不是传统规划模式下由规划编制单位单方纯技术论证的结果，而是省市互动、开门规划、多方协商的结果。下面就以珠三角区域绿道网规划为例，阐述规划的创新性工作方法。

3.1 省市行政、技术层面的互动协同

通过广东省住房和城乡建设厅与珠三角各市规划局（或建设局）在行政层面的协同、省城乡规划设计研究院与地市规划院在技术层面的协同，形成了行政和技术两条线的结合并进、相互协同的工作方式。这种工作方式既保证了珠三角区域绿道概念体系、规范标准和线网布局方案能够上下协同，较好较快地落地，也突破了以往区域规划编制中存在的地市参与程度低、上下协同难以落实的问题。同时，在"省市联动、上下协同"的过程中，摒弃了过去形成的省与单个城市封闭沟通协调的方式，按照"都市区协调＋省市反馈"相结合的工作方法，大大提高了规划编制的工作效率，也使得绿道网总体布局、线路走向、重要节点

安排更加科学、合理。

同时，通过"省市联动、上下协同"的工作组织，还提高了地方政府对区域绿道网的认识，调动了各地城乡规划建设主管部门参与绿道网规划建设工作的积极性和主动性，保障了绿道网建设任务的分解与落实。各地市规划编制单位的前期介入，也调动了地方技术力量参与绿道规划建设的积极性和主动性，保证了省立绿道网在技术层面上与地方实际的更好结合，增强了绿道网规划布局的可行性。

3.2 以都市区为单元推动城际协调

根据资源要素、政策要素等基础条件，广东省住房和城乡建设厅与规划编制单位在形成珠三角绿道网总体布局的初步设想后，就初步方案征求珠三角各地市意见，并召开了广佛肇、深莞惠、珠中江三大都市区绿道网总体布局方案协调会议，对初步方案进行了优化整合。通过都市区协调论证会的组织方式，大大拓宽了省市之间、城市之间信息沟通的渠道，不仅减少了省与九个市之间在项目缘由、目的意义和相关概念内涵、技术标准等方面传达的次数，提高了规划前期工作效率，也很好地解决了城市间绿道线网的贯通和城市交界面衔接问题，保障了相邻城市之间绿道选线顺畅衔接。

3.3 公众参与，开门规划

珠三角绿道网规划的公众参与在选线的过程中就体现了出来。各市在省市互动选线的过程中，就征集了自行车运动协会、登山协会等民间组织及公众的意见，这些专业性的意见对于规划技术人员更好地理解绿道的内涵和群众的需求具有重要的意义。

在珠三角绿道网建设的过程中，公众参与也是保障建设工作顺利实施的重要力量。深圳市在结合二线关巡逻道建设绿道的过程中，就是由于市民的强烈反对，而取消了将原来的石板路改造为水泥路的计划。惠州市则组织了绿道沿线50多个村的村干部到增城参观学习，使他们切实感受到增城村民利用绿道发展农家乐、乡村游的好处，主动参与到了绿道建设中来，要求绿道结合村道建设。

3.4 技术跟踪，动态修正

为配合珠三角绿道网建设工作，作为珠三角和全省绿道网规划技术牵头单位的省城乡规划设计研究院还直接派遣了技术骨干参与珠三角和全省绿道网规划建设政策文件、组织实施管理等工作。由于对规划技术的熟悉,这些技术骨干能更好地理解绿道网规划和相关技术指引的要求,更准确地将技术文件转化为政策文件。在指导各市开展绿道建设工作的过程中,这些技术骨干通过与各市绿道建设牵头单位的直接沟通,及时掌握了绿道规划和建设实施过程中遇到的问题,并结合规划的专业知识,迅速提出解决问题的技术途径。

珠三角各市则通过规划设计将省确定的省立绿道在空间上予以落实,并逐级分解到县(县级市、区)、镇街、部门。在空间落实的过程中,改变了以往传统的规划"蓝图"式目标规划,形成了动态推进行动规划的模式,因地制宜,结合城乡建设工程对珠三角省立绿道网进行了实地修正。广州市的绿道建设结合青山绿地碧水蓝天工程、迎亚运人居环境整治等同步开展,不少绿道由青山绿地工程衍生而来,绿道又引导、方便市民走进森林、绿地。将绿道建设与治水结合同步推进,使绿道和水道相得益彰,东濠涌、荔枝湾涌等绿道也成为城市的靓丽名片。

4 从珠三角到全省的绿道网总体布局

广东绿道网的构建,是以珠三角为起点和核心向粤东西北扩展,逐步形成以区域绿道(省立绿道)为树干、以城市绿道为枝干、以社区绿道为叶脉的覆盖全省的绿道网。

4.1 珠三角区域绿道网总体结构

借助 GIS 空间信息平台,在综合分析珠三角自然、人文、社会经济等资源本底和区域及城乡规划政策导向、各城市发展意愿等影响因素的基础上,遵循生态化、本土化、多样化、人性化、便利化和可行性等六大原则,通过要素分解与叠加(图 2-6),形成了由 6 条主线、4 条连接线、22 条支线、18 处城际交界面和4410 平方公里绿道控制区组成的珠三角绿道网总体布局。

4.1.1 珠三角绿道主线

六条主线连接广佛肇、深莞惠、珠中江三大都市区,串联 200 多处主要森林公园、自然保护区、风景名胜区、郊野公园、滨水公园和历史文化遗迹等发展节点,全长约 1690 公里,可直接服务人口约 2565 万人[1],实现珠三角城市与城市、城市与市郊、市郊与农村,山林、滨水等生态资源及历史文化资源的连接。

1 号绿道: 主要沿珠江西岸布局,以大山大海为特色,西起肇庆七星岩风景区,

1 绿道直接服务人口:是指绿道两侧各5公里半径(骑普通自行车20分钟左右)覆盖的城乡人口。

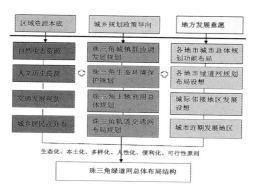

图 2-6　要素分解与叠加的规划方法

经佛山、广州、中山,至珠海观澳平台,全长约 310 公里,途径 50 多个发展节点,直接服务人口约 580 万人,为沿途居民提供山林体验、康体旅游、海滨休闲、都市休闲等活动。1 号绿道从肇庆双龙旅游度假区沿西江向西延伸,预留与粤西绿道的联系廊道。

2 号绿道:主要沿珠江东岸布局,以山川田海为特色,北起广州流溪河国家森林公园,经增城、东莞、深圳,南至惠州巽寮湾休闲度假区,全长约 480 公里,途经 50 多个发展节点,直接服务人口约 530 万人,可为沿途居民提供温泉休闲、山地旅游、商务会展、海滨度假等活动。2 号绿道自广州从化流溪河向北延伸,预留与粤北绿道的联系廊道;从惠州巽寮湾向东沿海岸线延伸,预留与粤东绿道的联系廊道;从深圳梧桐山公园向南延伸,预留与香港绿道、绿地系统的联系廊道。

3 号绿道:横贯珠三角东西两岸,以文化休闲为特色,西起江门帝都温泉,经中山、广州、东莞、惠州,东至惠州黄沙洞自然保护区,全长约 370 公里,途经 60 多个发展节点,直接服务人口约 500 万人,为沿途居民提供文化休闲、科普教育、山林体验、滨水休闲等活动。3 号绿道从江门帝都温泉沿潭江支流向西延伸,预留与粤西绿道的联系廊道;从惠州白面石景区沿东江向北延伸,预留与粤北绿道的联系廊道。

4 号绿道:纵贯珠三角西岸的中部,以生态和都市休闲为特色,北起广州芙蓉嶂水库,向南途经佛山、珠海,南至珠海御温泉度假村,全长约 220 公里,途经 20 多个发展节点,直接服务人口约 570 万人,为沿途居民提供都市休闲、文化创意、生态养生、户外拓展等活动。4 号绿道从花都沿芙蓉嶂山体向北延伸,预留与粤北绿道的联系廊道。

5 号绿道:纵贯珠三角东部,以生态和都市休闲为特色,北起惠州罗浮山自然保护区,途经东莞、深圳,南至深圳银湖森林公园,全长约 120 公里,途经 20 多个发展节点,直接服务人口约 230 万人,为沿途居民提供生活休闲、文化创意、山地旅游、野餐露营等活动。5 号绿道从博罗罗浮山向北延伸,预留与粤北绿道的联系廊道。

6号绿道：纵贯珠三角西部，沿西江布局，以滨水休闲为特色，北起肇庆贞山，向南途经佛山、江门，南至江门银湖湾湿地及古兜温泉，全长约190公里，途经20多个发展节点，直接服务人口约155万人，为沿途居民提供滨水休闲、消暑度假、野餐露营、户外休闲、农业观光等活动。6号绿道沿江门滨海地区向西延伸，预留与粤西绿道的联系廊道。

4.1.2 绿道连接线

绿道连接线作为绿道网的组成部分，是借用公路、城市道路和堤坝路等机动车道，或者借用公路和城市道路非机动车道、人行道，主要承担绿道网连通功能。为促进六条主线的有效衔接，规划形成四条连接线，全长约166公里。

（1）1号–2号–4号连接线：起于广州白海面，沿流溪河经唐阁公园，由荔湾湖公园沿珠江向北与4号绿道汇合。全长约41公里。

（2）1号–4号连接线：起于中山市与珠海市交界处，向北连接温泉度假村后，与4号绿道汇合于岐澳古道遗址。全长约19公里。

（3）2号–3号连接线：起于广州从化温泉度假区，向南经大尖山森林公园，沿派潭河经白水寨至东莞接3号绿道。全长约80公里。

（4）1号–3号连接线：起于广州1号绿道二沙岛，经瀛洲生态园、长隆水上乐园至3号绿道番禺中心公园。全长约26公里。

4.1.3 绿道支线

为了加强主线与主要发展节点之间的有效联系，共规划22条支线，全长约470公里。

1号绿道支线：肇庆鼎湖山支线、佛山侨鑫生态园支线、广州亚运村支线、万亩果园支线、广州体育馆支线、南沙湿地支线、奥林匹克体育中心支线、珠海淇澳岛支线。

2号绿道支线：广州十字滘支线、广州知识城支线、深圳大运会支线、惠州巽寮湾支线。

3号绿道支线：江门开平碉楼群支线、大西坑自然保护区支线、台山石花山支线、广州南站支线，东莞江边村古建筑群支线、惠州黄沙洞温泉度假区支线。

4号绿道支线：佛山鲤鱼沙湿地公园支线。

6号绿道支线：佛山两江并流湿地支线、江门古劳水乡支线、江门小鸟天堂支线。

资料：绿道连接形式

情形1：以公路路段为主，路段上未设置自行车道和人行道。该情形应考虑在路肩处新增独立的自行车道和人行道，并与机动车道进行硬质隔离。绿道连接线的单侧综合慢行道有效宽度应不小于4.5米，有效净空不低于2.5米。建设要求：1）可采用不同路面铺装来明确自行车和行人的通行空间；2）必须设置硬质隔离或护栏进行机动车和非机动车隔离；3）沿线的街具和停车设施不得干扰和侵占绿道连接线的连续性和有效空间。

情形2：路段上自行车道和人行道位于同一平面，但与机动车道之间无法设置绿化隔离带，或设置的绿化隔离带过窄（参考宽度为小于1.5米），无法实现全线安全隔离的要求。绿道连接线的单侧综合慢行道有效宽度应不小于4.5米，有效净空不低于2.5米。

建设要求：1）可采用不同路面铺装来明确自行车和行人的通行空间；2）必须设置硬质隔离或护栏进行机动车和非机动车隔离；3）沿线的街具和停车设施不得干扰和侵占绿道连接线的连续性和有效空间。

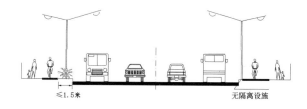

情形3：路段上自行车道与机动车道位于同一平面，且仅有交通标线进行分隔，主要以市政道路为主。1）路段应选择次干道以下等级道路；2）单侧自行车道宽度应不小于2米；3）单侧人行道宽度应不小于3米；

建设要求：1）绿道连接线处路段的机动车行驶车速应不超过20千米/时；2）可采用不同路面铺装来明确自行车和机动车的通行空间；3）应全线禁止路侧停车；4）路侧存在公交停靠站台时，应注意站台处与自行车道的协调设计。

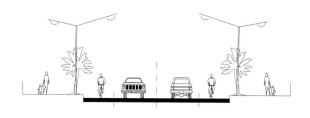

4.1.4 绿道城际交界面

珠三角规划6条绿道主线涉及的交界面共18处（表2-4），通过桥梁或结合绿地系统进行衔接，其建设标准均为宽度2米以上的自行车与步行专用道。

珠三角绿道网城际交界面衔接情况　　　　　　　　　　表 2-4

名称	交界面	位置	衔接方式
1号绿道	1 肇庆－佛山	肇庆四会大沙镇与佛山三水河口交界处	通过 321 国道和马房大桥进行衔接
	2 佛山－广州	佛山黄岐街道与广州石井镇交界处	通过湖州大桥进行衔接
	3 广州－中山	广州横沥镇与中山民众镇交界处	依托西江廊道，通过洪奇沥大桥衔接
	4 中山－珠海	中山南朗镇与珠海金鼎镇交界处	通过中山市的防洪大堤道路与珠海市的情侣路进行衔接
2号绿道	5 广州－东莞	广州新塘镇和东莞望麻涌镇交界处	横跨东江水道，通过现有桥梁衔接
	6 东莞－深圳	东莞长安镇莲花山自然保护区与深圳松岗镇老虎坑水库交界处	结合城镇道路与绿地系统进行衔接
	7 深圳－惠州	深圳大鹏所城衔和惠州笔架山南部绕开大亚湾核电站交界处	结合城镇道路与绿地系统进行衔接
3号绿道	8 江门－佛山	江门荷塘镇与佛山顺德均安镇交界处	横跨海洲水道，通过现有桥梁衔接
	9 佛山－广州	顺德陈村镇与番禺钟村交界处	通过国道 G105 进行衔接
	10 广州－东莞	番禺石楼镇与东莞麻涌镇交界处	现在通过轮渡接驳，未来通过规划莲花山大桥进行衔接
	11 东莞－惠州	惠州博罗县石湾镇与东莞石龙镇交界处	横跨东江，通过罗浮山东江大桥衔接
4号绿道	12 广州－佛山	广州花都神山镇与佛山南海和顺镇交界处	结合城镇道路与绿地系统进行衔接
	13 佛山－中山	佛山顺德区容桂镇与中山东凤镇交界处	横跨鸡鸦水道，通过细滘大桥衔接
	14 中山－珠海	中山神湾镇与珠海斗门区白蕉镇交界处	横跨西江，通过斗门大桥进行衔接
5号绿道	15 惠州－东莞	惠州博罗县石湾镇与东莞石龙镇交界处	横跨东江，通过罗浮山东江大桥衔接
	16 东莞－深圳	东莞黄江镇与深圳光明街道交界处	通过两市绿化隔离带进行衔接
6号绿道	17 肇庆－佛山	肇庆四会大沙镇与佛山三水河口街道交界处	横跨北江，通过 321 国道和马房大桥进行衔接
	18 佛山－江门	佛山南海九江镇和江门鹤山沙坪镇交界处	横跨西江，通过九江大桥进行衔接

资料来源：《珠江三角洲绿道网总体规划纲要》

每个城际交界面所涉及的两个城市之间的绿道纵、横断面和通行方式要相互衔接，标识系统要保持有序性、连续性、逻辑性，配套服务设施要避免重复设置或空缺设置，绿道控制区要按照相应类型绿道的空间管制要求进行协调。

4.1.5 绿道控制区

珠三角规划六条主线的绿道控制区（或绿化缓冲区）总面积约4410平方公里，占珠三角总面积的8%。其中，1号主线绿道控制区面积约780平方公里，2号主线绿道控制区面积约1540平方公里，3号主线绿道控制区面积约620平方公里，4号主线绿道控制区面积约550平方公里，5号主线绿道控制区面积约420平方公里，6号主线绿道控制区面积约500平方公里。

4.2 全省区域绿道网总体结构

以珠三角绿道网为依托，在综合考虑粤东西经济发展水平、生态资源环境和城乡、人口分布等方面差异的基础上，借鉴珠三角绿道网规划技术方法和国外大尺度绿道规划建设经验，将珠三角区域绿道向粤东西北延伸，形成由10条主干绿道（省立绿道）、约17100平方公里绿道控制区（绿化缓冲区）和46处城际交界面共同组成的省立绿道网总体格局。

4.2.1 省域主干绿道

在珠三角六条主线基础上，形成10条主干省立绿道连接全省21个地级市及以上市，串联700多处重要的森林公园、自然保护区、风景名胜区、郊野公园、滨水公园和历史文化遗迹等发展节点，全长达8770公里，实现城市与城市、城市与乡村以及山林、滨水等生态资源和历史文化资源的连接。

1号绿道：为珠三角1号绿道沿海岸线和西江延伸至粤西地区，以滨海及滨河风光为主要特色，西起湛江雷州珍稀水生动物自然保护区，经湛江、茂名、阳江、江门、珠海、中山、广州、佛山、云浮、肇庆，至肇庆封开大旺镇，串联200多个发展节点，全长约1990公里。

2号绿道：为珠三角2号绿道沿海岸线延伸至粤东地区，以山川田海为主要特色，北起韶关龙仙镇，经韶关、广州、东莞、深圳、惠州、汕尾、揭阳、汕头、潮州，至潮州镇风塔，串联170多个发展节点，全长约1620公里。

3号绿道：为珠三角3号绿道沿东江延伸至河源，以文化休闲为主要特色，西起江门帝都温泉，经江门、佛山、广州、东莞、惠州、河源，至河源枫树坝水库接10号绿道，串联70多个发展节点，全长约750公里。

4号绿道：为珠三角4号绿道向北延伸至清远，以生态和都市休闲为主要特色，北起清远清涟公园，经清远、广州、佛山、中山、珠海，至珠海御温泉度假村，串联30多个发展节点，全长约320公里。

5号绿道：与珠三角5号绿道完全重叠，以生态和都市休闲为主要特色，北起惠州罗浮山自然保护区，经惠州、东莞、深圳，至深圳银湖森林公园接2号绿道，串联30多个发展节点，全长约170公里。

6号绿道：为珠三角6号绿道沿北江向北延伸至韶关，以滨水休闲为主要特色，北起韶关南雄珠玑巷，经韶关、清远、佛山、江门，至江门银湖湾湿地及古兜温泉接1号绿道，串联90多个发展节点，全长约1140公里。

7号绿道：纵贯粤西地区东部，主要沿漠阳江布局，以滨水休闲为主要特色，北起云浮郁南大王山森林公园，经云浮、阳江，至阳江江城区西部接1号绿道，串联20多个发展节点，全长约410公里。

8号绿道：纵贯粤东地区东部并向北延伸至梅州，主要沿韩江布局，以客家文化及潮汕文化体验为主要特色，起始于梅州五华县安流镇，经梅州、潮州、揭阳、汕头，至汕头澄海金鸿公园接2号绿道，串联60多个发展节点，全长约700公里。

9号绿道：纵贯粤西地区西部，主要沿鉴江布局，以江海城为主要特色，北起茂名信宜天马山风景区，经茂名、湛江，至湛江吴川市黄坡镇接1号绿道，串联20多个发展节点，全长约270公里。

10号绿道：沿北部连绵山体布局，以山林风光为主要特色，西起肇庆德庆县新圩镇山地，经起微山、大雾山、大东山、大瑶山、蔚岭、大庾岭、石人嶂、青云山、九连山、七目嶂、蕉岭山地，东至莲花山，串联50多个发展节点，是维护生态多样性、展现山地景观的重要平台，兼具山地旅游和生态保育的功能，全长约1400公里。绿道在途经景观条件较好、旅游资源较丰富的地区时，可建设登山径、远足径等特色游径，并配套完善相关设施；绿道在途经自然保护区等生态敏感地区时，以生态保育为主，实施严格的生态保护策略。

4.2.2 绿道城际交界面

在珠三角18处城际交界面的基础上，全省层面规划城际交界面共46处（表2-5）。在保障交通安全的基础上，通过公路、桥梁或结合绿地系统衔接地市之间的交界面。

4.2.3 绿道控制区

在珠三角六条主线绿道控制区（或绿化缓冲区）4410平方公里的基础上，全省层面共划定绿道控制区约17100平方公里，占全省土地总面积的9.5%（因10号

广东省绿道网城际交界面衔接情况表 表 2-5

绿道名称	城际交界面	位置	衔接方式
1号绿道	1 广州－中山	广州横沥镇与中山民众镇交界处	依托西江生态廊道，通过洪奇沥大桥进行衔接
	2 中山－珠海	中山南朗镇与珠海金鼎镇交界处	通过下栅收费站进行衔接
	3 珠海－江门	珠海斗门镇与江门沙堆镇交界处	通过省道270与365衔接
	4 阳江－江门	阳江市东平镇与江门市北陡镇的交界处	通过省道276接滨海慢行道衔接
	5 茂名－阳江	茂名市岭门镇与阳江市儒洞镇的交界处	通过滨海慢行道衔接
	6 茂名—湛江	茂名南海街道与湛江王村港镇的交界处	通过滨海慢行道衔接
	7 云浮－肇庆	云浮都杨镇与肇庆悦城镇的交界处	通过轮渡等方式衔接
2号绿道	8 广州－东莞	广州新塘镇和东莞望麻涌镇交界处	横跨东江水道，通过现有桥梁进行衔接
	9 东莞－深圳	东莞长安镇莲花山生态区与深圳松岗镇老虎坑水库交界处	结合城镇道路与绿地系统进行衔接
	10 深圳－惠州	深圳葵涌坝光与惠州澳头镇交界处	通过改造坝光白沙湾海滩碎石路进行衔接
	11 惠州—汕尾	惠州黄埠镇与汕尾小漠镇交界处	通过滨海慢行道衔接
	12 汕尾－揭阳	汕尾市甲东镇与揭阳市神泉的交界处	通过滨海慢行道衔接
	13 揭阳－汕头	揭阳市仙庵镇与汕头市田心镇交界处	通过滨海慢行道衔接
	14、15 汕头－潮州	汕头市盐鸿镇与潮州市钱东的交界处	通过金鸿公路或轮渡接慢行系统方式衔接
		汕头市上华镇与潮州市江东的交界处	通过沿韩江的慢行道衔接
3号绿道	16 广州－东莞	番禺石楼镇与东莞麻涌镇交界处	现状通过轮渡接驳，规划通过新建莲花山大桥进行衔接
	17 东莞－惠州	东莞石排镇与惠州石湾镇交界处	横跨东江，通过罗浮山东江大桥进行衔接
	18 惠州－河源	惠州观音阁镇与河源古竹镇的交界处	通过东江滨江的轮渡和乡村道路衔接
	19 广州－佛山	番禺沙湾镇与佛山顺德区陈村镇交界处	通过三善大桥衔接
	20 佛山－江门	佛山顺德均安镇与江门荷塘镇交界	横跨海洲水道，通过白藤大桥进行衔接
	21 云浮－茂名	位于云浮市富林镇与阳江市河塱镇的交界处	通过县道461线衔接
4号绿道	22 广州－佛山	广州花都神山镇与佛山南海和顺镇交界处	结合鲁江涌河堤进行衔接
	23 佛山－中山	佛山顺德区容桂镇与中山东凤镇交界处	横跨鸡鸦水道，通过细滘大桥进行衔接
	24 中山－珠海	中山神湾镇与珠海斗门区白蕉镇交界处	横跨西江，通过斗门大桥进行衔接

续表

绿道名称	城际交界面	位置	衔接方式
	25 广州－清远	广州花都区芙蓉镇和清远龙塘镇交界处	通过现有县乡道衔接
5号绿道	26 惠州－东莞	惠州博罗县石湾镇与东莞石龙镇交界处	横跨东江，通过罗浮山东江大桥进行衔接
	27 东莞－深圳	东莞黄江镇与深圳光明街道交界处	通过两市绿化隔离带进行衔接
6号绿道	28 佛山－肇庆	肇庆四会大沙镇与佛山三水河口街道交界处	横跨北江，通过国道321和马房大桥进行衔接
	29 佛山－江门	佛山南海九江镇和江门鹤山沙坪镇交界处	横跨西江，通过九江大桥进行衔接
	30 佛山－清远	佛山三水区大塘镇与清远市石角镇交界处	通过省道114以慢行道衔接
	31、32 清远－韶关	清远市沙口镇与韶关市樟市镇的交界处	通过省道253以慢行道衔接
	31、32 清远－韶关	清远市波罗镇与韶关市古母水镇交界处	通过省道258以慢行道衔接
7号绿道	33 肇庆－云浮	肇庆长岗镇与云浮都城镇交界处	通过轮渡方式衔接
	34 云浮－阳江	云浮富林镇与阳江河塱镇交界处	通过生态型慢行道衔接
8号绿道	35 汕头－揭阳	汕头市金灶镇与揭阳市渔湖镇交界处	通过轮渡方式衔接
	36 揭阳－潮州	揭阳市玉滘镇与潮州市凤塘镇交界处	通过省道335以慢行道衔接
	37 汕头－潮州	汕头市上华镇与潮州市江东镇交界处	通过沿韩江的慢行道衔接
	38 潮州－梅州	潮州市赤凤镇与梅州市东留镇交界处	通过沿韩江的县道072衔接
9号绿道	39、40 湛江－茂名	湛江市长岐镇与化州市交界处	通过省道285以慢行道方式衔接
		湛江市浅水镇与茂名市镇盛镇交界处	沿小东江以慢行道方式衔接
10号绿道	41 肇庆—清远	肇庆怡水镇与清远寨南镇交界处	结合区域绿地系统进行衔接
	42 清远—韶关	清远秤架瑶族乡与韶关洛阳镇交界处	结合区域绿地系统进行衔接
	43 韶关—河源	韶关南浦镇与河源陂头镇交界处	通过省道341进行衔接
	44 河源—梅州	河源岩镇镇与梅州罗浮镇交界处	结合区域绿地系统进行衔接
	45 梅州—河源	梅州登畲镇与河源南岭镇交界处	结合区域绿地系统进行衔接
	46 河源—汕尾	河源南岭镇与汕尾新田镇交界处	结合区域绿地系统进行衔接

资料来源：广东省绿道网建设总体规划（2011—2015）

绿道位于北部山林地区，其绿化绿道控制区未纳入统计数据）。其中，1 号绿道的绿道控制区面积约 3900 平方公里，2 号绿道的绿道控制区面积约 4200 平方公里，3 号绿道的绿道控制区面积约 1900 平方公里，4 号绿道的绿道控制区面积约 600 平方公里，5 号绿道的绿道控制区面积约 450 平方公里，6 号绿道的绿道控制区面积约 3500 平方公里，7 号绿道的绿道控制区面积约 1000 平方公里，8 号绿道的绿道控制区面积约 1250 平方公里，9 号绿道的绿道控制区面积约 300 平方公里。

4.3　与港澳的跨界绿道布局

综合考虑粤港、粤澳之间生态廊道现状条件及口岸、路海通道发展需求，统筹规划跨界绿道交接面，将三地孤立的绿道、单车径、远足径等通过灵活的接驳方式有机贯通，形成环珠江口湾区的一体化跨界绿道网络，并与各城市原有的各级绿道及生态、人文系统有机衔接。跨界绿道具体连接建议如下：

4.3.1　区域绿道层面

珠三角 1 号绿道珠海情侣路段与澳门十字门区域相衔接；
珠三角 2 号绿道深圳梧桐山公园段与香港新界单车径沙头角段八仙岭相衔接。

4.3.2　城市绿道层面

绿道深圳福田段与香港新界单车径新田段相衔接；
绿道珠海横琴段与澳门氹仔莲花单车径相衔接，串联二井湾湿地公园、大潭山、小潭山、海洋公园等一系列景点景区。

4.3.3　跨界绿道城际交界面

基于"一国两制"制度框架，粤港、粤澳居民必须通过口岸，办理相关出入境手续才能进入对方城市。因此，跨界绿道城际交界面必须设置在通关口岸处。粤港、粤澳跨界绿道所涉及的跨界交界面共 7 处，其中 6 处为改造口岸，1 处为新增口岸，具体措施建议如下：

（1）改造利用现有口岸

对于目前设备、人员完善的口岸，建议增设专门的绿道通道，实现骑自行

方式	口岸名称	沟通区域	建议改造类型
改造原有口岸	皇岗 - 落马洲口岸	深圳—香港	1. 增加专门绿道通道，人车同过关。 2. 增设自行车租赁及存放点，人过关，车不过关。
	沙头角口岸	深圳—香港	1. 增加专门绿道通道，人车同过关。 2. 增设自行车租赁及存放点，人过关，车不过关。
	九洲口岸	珠海—香港	增加专门绿道通道，人车同过关。
	拱北口岸	珠海—澳门	1. 增加专门绿道通道，人车同过关。 2. 增设自行车租赁及存放点，人过关，车不过关。
	湾仔口岸	珠海—澳门	增设自行车租赁及存放点，人过关，车不过关。
	横琴口岸	珠海—澳门	增加专门绿道通道，人车同过关。
新增口岸	莲塘口岸	珠海—香港	建议增设专门绿道口岸，人车同过关。

粤港、粤澳跨界口岸改造、新建指引　表2-6

资料来源：环珠江口宜居湾区建设重点行动计划

车者的人、车一站式安检过关，避免骑自行车者与普通行人的相互干扰，提高通关效率。对于目前设备、人员相对不完善的口岸，现阶段可采用只有人过关的方式，并在口岸周边设置自行车租赁点提供租赁及存放服务。

（2）结合新增口岸统筹规划

充分考虑跨界绿道的功能和未来发展需要，在未来新增口岸区域，结合口岸规划建设增设专门绿道口岸，实现跨界绿道的无缝衔接。

图2-7　珠海与澳门口岸地区驿站建设效果图
资料来源：聚焦绿道·印象广东——摄影大赛获奖作品集

4.3.4 跨界绿道控制区

按照《珠三角绿道控制区划定技术指引》要求，协商划定粤港、粤澳共同保护的自然保护区、湿地和人工湿地、风景名胜区、森林公园等重要生态资源，并按照粤港澳三地各自的政策法律各自管理。

本章主要参考文献

1、Whyte W H.Securing open space for urban American：conservation easements[J]. Washington：Urban Land Institute，1959：69.

2、President's Commission on Americans Outdoors, Americans outdoors: the legacy, the challenge, with case studies [M]. Washington：Island Press, 1987：209.

3、Little C. Greenways for American [M]. Baltimore：Johns Hopkins University Press，1990：7-20.

4、Ahern J. Greenways as a planning strategy [J]. Landscape and Urban Planning，1995，33 :131-155.

5、马向明，程红宁. 广东绿道体系的构建：构思与创新 [J]. 城市规划，2013，37(2):38-44.

6、广东省人民政府. 珠江三角洲绿道网总体规划纲要 [C]. 2010.

7、广东省人民政府. 广东省绿道网建设总体规划（2011-2015）[C]. 2012.

8、蔡云楠，等，编著. 绿道规划：理念·标准·实践 [M]. 科学出版社，2013.

9、广东省住房和城乡建设厅，香港特别行政区发展局，澳门特别行政区运输工务司. 环珠江口宜居湾区建设重点行动计划 [C]. 2014.

第三章
广东绿道的规划实施机制

1 总体层面：形成政治动员的制度保障

政治动员是执政党利用拥有的政治资源，动员社会力量实现经济、政治和社会发展目标的政治运动（林尚立，2000）。从 2009 年 8 月由广东省委政研室和省住房城乡建设厅联合起草上报的《关于借鉴国外经验率先建设珠三角绿道网的建议》得到时任省委书记汪洋的高度重视和批示，到 2009 年 11 月省住房城乡建设厅上报的《关于先行开展珠三角绿道网规划建设工作的请示》得到时任省长黄华华、常务副省长黄龙云、副省长林木声等省政府领导重视，再到 2010 年 1 月在省委十届六次全会上播放绿道专题片和汪洋书记在该次全会专门就绿道建设工作进行动员部署，均体现了政治动员对广东绿道规划建设的推动。之后，广东省委、省政府办公厅还给珠三角各市主要领导发了一封《关于规划建设珠三角绿道网的工作意见》的信，督促各市尽快开展绿道建设工作，省委、省政府相关领导又专门召开现场会对绿道建设工作作了具体部署，由此正式拉开了珠三角绿道网规划建设工作的序幕。

2010 年春节后上班的第一周，时任省委书记汪洋还率队前往广州增城、东莞进行绿道调研，推动各市抓住春季有利时节开展绿道培绿工作，并提出要建立两项督查制度：各市确定一名负责绿道建设的领导同志，省住房和城乡建设厅每月制定进度图表。

可以说，广东绿道从概念的提出到工作方案的形成，从规划方案的编制到地方的具体实施，均体现了自上而下的政治总动员。正是这种强大的政治动员，不仅推动了绿道建设共识的形成，还为后续的"规划大会战""实施大比拼""考核排行榜"等系列行动和措施提供了制度总保障。这也是广东绿道能够从规划蓝图到立竿见影的关键。

2 省级层面：建立具有创新性的工作机制

广东绿道规划之所以能迅速推进并顺利实施，除了政治动员的制度总保障外，还与省级层面建立创新有效的工作机制密不可分（李建平，2012）。主要体现在以下方面：

2.1 形成了"横向与纵向"有机衔接的工作机制

按照"省统筹指导，地方政府建设为主"的总原则，建立横向和纵向有机衔接的工作机制。

2.1.1 横向：以省推进宜居城乡建设联席会议制度 1 为平台开展省级部门间的合作协调

广东绿道建设是一项全省行动，离不开众多省级政府部门的支持与合作。在不增加机构设置的原则下，以广东省推进宜居城乡建设联席会议制度作为绿道建设的协调平台，协调发展改革、国土资源、财政、旅游、交通、环保、农业、林业、水利、公安、经信、文化、教育、体育等省直相关部门，并按照部门事权开展分工协作，共同推进珠三角绿道网的规划建设与管理工作。

2.1.2 纵向 1：成立绿道网工作领导小组联系和督导地市绿道建设

为落实省统筹指导和省委省政府关于珠三角绿道"一年基本建成，两年全部到位，三年成熟完善"的要求，在珠三角绿道网规划建设初期，省住房城乡建设厅充分利用了省推进宜居城乡建设联席会议制度这一平台，专门成立省绿道建设领导小组及其办公室（绿道建设办公室）。由厅长任领导小组组长，副厅长为副组长，其中主管城乡规划的副厅长任绿道办主任，其他副厅长分别成立工作小组（每个工作小组配置专门的联络员）分别对口联系和督导珠三角 9 个市的绿道规划建设（图 3-1）。各工作小组具体工作内容如下：

工作小组：主要负责制定年度检查计划、上报地市工作进展、赴对口联系城市进行实地检查督促。

绿道建设办公室：主要是综合协调、配合联络各工作小组的有关工作，以及会议召集、组织技术审查等相关工作方案实施的日常工作。同时，办公室下成

1　广东省宜居城乡建设工作联席会议制度，成立于 2009 年 9 月。成立的基本背景是：为落实《中共广东省委广东省人民政府关于争当实践科学发展观排头兵的决定》（粤发〔2008〕5 号）和《中共广东省委办公厅广东省人民政府办公厅关于建设宜居城乡的实施意见》（2009 年 7 月 20 出台）两个文件关于创建宜居城乡的工作部署，经省政府研究同意成立省宜居城乡建设工作联席会议制度。联席会议召集人由分管城乡建设的副省长担任，召集单位为省住房和城乡建设厅，成员单位为省委宣传部、发展改革委、经贸委、公安厅、民政厅、教育厅、财政厅、国土资源厅、交通厅、农业厅、环保厅等省直有关部门。

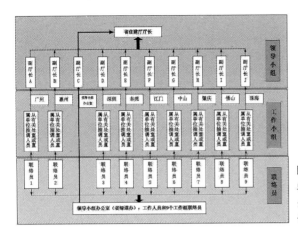

图 3-1　广东省绿道建设领导小组运作机制框图
注：根据广东省住房和城乡建设厅提供的资料整理

立文秘组、会务组、技术组和联络组等处理对应工作。文秘组主要负责制定总体工作方案和相关工作制度；起草有关文件和领导讲话；汇总各市每月进度图表、各工作组工作简报、大事记、其他各类汇报和总结材料，以及文件档案和有关会议纪要的整理；协助住建厅办公室开展有关绿道的宣传报道。会务组主要负责筹备、组织召开领导小组例会、绿道办例会，各市工作交流会、现场会、总结会等各种会议，统筹会议材料、后勤服务等事宜，参与指导各市有关绿道推介活动。技术组主要负责组织开展相关基础研究，以及技术规程、标识系统等技术文件编制，组织相关技术咨询、业务培训、专家讲坛、学习交流等，为各市及各工作组提供技术服务。联络组与对口联系城市保持密切联系，及时掌握各市绿道建设的进展和动态，并以不定期工作简报和每月大事记的形式报送绿道办文秘组；负责每月催报并核实对口联系城市绿道建设进度图表；负责将省住房和城乡建设厅对各市绿道建设的有关要求及时传送对口联系城市，起到省市紧密互动的桥梁作用；根据工作需要，配合和参与其他工作组的工作。

珠三角各市政府作为绿道建设的主体，主要是根据《珠三角绿道网总体规划纲要》的要求，制定本市的绿道建设规划、工作方案和年度实施计划，解决土地供给、资金筹措等问题，着实开展和推进省立绿道、城市绿道和社区绿道的规划建设工作。

2.1.3　纵向2：以工作要点（或工作指导意见）等方式指导督促落实

基于全省上下对绿道网规划建设的认同和顶层制度的成功搭建并运行顺畅，

专栏：广东省绿道网建设 2015 年工作指导意见（摘录）

一、进一步增强珠三角地区绿道网综合功能

（一）继续完善绿道网络，加快绿道连通。结合社区体育公园和中小学校园周边绿道建设，完善学校配套设施等重点工作，打通"最后一公里"，延伸绿道网。启动基于绿道网的水岸公园建设。完善城市自行车和步行交通系统，加强绿道与公共交通的衔接，培育以绿道为依托的城市慢行交通网络，提高绿道使用率，实现绿道可持续发展和永续利用。（珠三角各地级以上市人民政府负责）

（二）依托绿道网"公共目的地"建设，深入开发绿道网综合功能。充分利用自然风景、历史人文资源和绿地、广场等多样空间，以"点"带"线"，建设多种类型的绿道"公共目的地"。2015 年广州、深圳完成 8~10 项绿道"公共目的地"的连通，珠江三角洲其他城市完成 6~8 项绿道"公共目的地"的连通。结合绿道"公共目的地"建设，开展制度化的各类主题活动，围绕打造特色旅游、体育健身、科普教育、文化服务四大绿道品牌，全面丰富绿道内涵。（珠三角各地级以上市人民政府负责，省住房城乡建设厅会同省有关部门指导协调）

二、稳步推进粤东西北地区绿道网规划建设

（一）切实落实省立绿道网建设要求。按照《广东省绿道网建设总体规划（2011~2015 年）》的要求，结合地级市中心城区扩容提质等工作制定 2015 年年度工作计划，明确绿道网建设的任务和目标，并于 2015 年 6 月底前报省住房城乡建设厅备案，作为省财政补贴和年终检查依据。（粤东西北地区各地级市人民政府负责）

（二）逐步完善城市绿道网络体系。以社区体育公园建设为契机，进一步完善"公共目的地"建设，加快构建吸引人民群众休闲、娱乐、健身的绿道网络。按照"建设一段，完善一段"的要求，做好绿道慢行道养护和沿线绿化培育工作，确保配套绿道的驿站、标识、环卫、安保、游憩、文教、体育等功能性设施，安全高效投入使用。（粤东西北地区各地级市人民政府负责）

三、全面打造绿道"升级版"系列工作

（一）推动绿道网向绿色基础设施升级。积极组织申报住房城乡建设部城市步行和自行车交通系统示范项目，以示范项目建设带动绿道升级。推进城市公园、湿地公园、乡村公园、森林公园、风景名胜区、带状河道海岸绿地、环城防护林带绿地、城乡楔形绿地等各类公园绿地建设，与绿道连通形成有机的绿地生态网络，构建分布均衡、功能完备、城乡一体的省域公园体系。在绿道网建设基础上，开展绿色基础设施全域覆盖行动，推进绿色基础设施建设，大力推广低影响开发模式。（省住房城乡建设厅会同省有关部门负责，各地级以上市人民政府负责）

（二）切实做好生态控制线划定和管理工作。加快推进《广东省生态控制线管理条例》的立法工作和全省生态控制线地理信息平台的建设。结合绿道升级，加快开展生态控制线划定工作，明确控制范围与管控要求，并在 2015 年 6 月底前提交生态控制线划定工作方案，报省住房城乡建设厅技术审查后由各地级以上市人民政府批复实施，2015 年年底前将划定成果报送省住房城乡建设厅备案。（省住房城乡建设厅会同省有关部门负责，各地级以上市人民政府负责）

（三）加强社区体育公园建设。制定年度建设计划，结合城市绿道网、绿道"公共目的地"等公共空间及各类公共服务设施、各级公共绿地，统筹选址布点，优先实施绿道沿线社区体育公园的规划建设，在确保公益属性的前提下，探索政府财政投入为主，企业或个人认捐为辅的多方参与模式，提升社区体育公园建设动力，发挥综合效益。（各地级以上市人民政府负责）

（四）组织编制绿道升级行动计划。结合"十三五"规划，抓紧组织编制绿道升级行动计划。深圳、广州要先行先试，典型引路，于 2015 年 8 月底前编制完成绿道升级行动计划，其他城市于 2015 年年底前编制完成绿道升级行动计划，并报送省住房城乡建设厅备案。（各地级以上市人民政府负责）

四、加强组织领导、技术研究与政策保障

（一）加强组织领导，完善长效工作机制。落实绿道网建设工作领导责任制，完善工作机制，积极开展制度创新，保障绿道网建设工作有序推进。加强机构和队伍建设，实现绿道网建设和管护同步推进。在尽快建立绿道网长效机制的基础上，重点完善绿道功能开发和管护运营机制，实现可持续发展。（省住房城乡建设厅，各地级以上市人民政府负责）

（二）强化检查督导，按要求报送进展情况。加强对全省绿道网建设工作的检查督导。各市及时总结本地区绿道规划建设及管理维护工作的情况，并将有关情况及时报省住房城乡建设厅。（省住房城乡建设厅，各地级以上市人民政府负责）

（三）加强技术指导，认真做好宣传推介。加强对全省绿道规划建设工作的技术指导，广泛运用多种媒体形式，大力宣传推介绿道网，提高绿道影响力和知名度，打造绿道品牌。（省住房城乡建设厅，各地级以上市人民政府负责）

（四）完善资金管理，拓宽融资渠道。根据年度绿道网建设任务工作计划，确保对绿道网规划建设的资金投入，合理安排和使用省级绿道专项资金，并通过多种途径，广泛吸纳各类投资主体参与绿道网建设、管理和运营工作，拓宽融资渠道，形成多元化的投融资机制。（各地级以上市人民政府负责）

附表：粤东西北地区 2015 年省立绿道建设任务表

附件

粤东西北地区 2015 年
省立绿道建设任务表

城市	《广东省绿道网建设总体规划（2011-2015）》要求建设总里程（公里）	2014已完成（公里）	2015年规划建设总里程（公里）
汕头市	231	130	101
汕尾市	447	124.74	322.26
潮州市	260	18.3	241.7
揭阳市	178	36.16	141.84
阳江市	461	145.98	315.02
湛江市	624	226.3	397.7
茂名市	311	49.4	261.6
韶关市	740	81.2	658.8
河源市	501	41	460
梅州市	721	231.9	489.1
清远市	715	282.4	432.6
云浮市	431	431	20
合计	5620	1798.38	3841.62

资料来源：广东省住房和城乡建设厅关于印发《广东省绿道网建设 2015 年工作指导意见》的函

随着珠三角绿道网 6 条主线的联通，珠三角实施的省市对口联系工作机制扩展至粤东西北地区，同时形成以"省绿道网建设年度工作要点"或"省绿道网建设年度工作指导意见"方式，实现全省绿道网规划建设机制从宏观战略指导向工作层面落实演进，从而形成了更具可操作性的省市协同机制。

自 2011 年起，省级层面以省政府或省住房和城乡建设厅的名义，在总结上年度珠三角和全省绿道网规划建设工作情况及经验基础上，结合国家、省最新的发展动态和政策要求，在上半年发布全省绿道网建设的年度工作要点，明确全省绿道网的工作重点，下达各地市绿道建设年度目标。为更加灵活弹性地指导全省绿道网建设和升级发展，2015 年省住房和城乡建设厅以指导意见方式出台了"省绿道网建设年度工作指导意见"，提出全省绿道网的发展方向和各地市工作要求、建设任务。

2.2 做到责任与任务层层分解，形成倒逼机制推动绿道建设

为切实落实汪洋书记所提出的关于"抓落实、分高低，见分晓、论英雄"的重要指示精神，不仅省级层面和省市之间形成顺畅的沟通协调机制，珠三角各市也建立了高效运作的工作机制以及绿道规划建设审批"绿色通道"（图 3-2），做到责任与任务分解与落实，即各地市绿道建设主管部门，依据省区域绿道建设计划中确定的本行政辖区内区域绿道建设任务和建设进度安排（各市区域绿道建设总长度、线路安排、建设要求、实施时序），会同市相关行业主管部门，组织编制绿道建设计划，并将绿道建设计划进一步分解到相关部门和区（县），区（县）则进一步细化地市下达的任务分解到街镇。

各地市、县市（区）绿道建设的牵头部门，特别是规划、建设、园林、城管、人居等职能部门和区镇政府精心规划设计，多方筹措资金，保证了以示范段建设为重点全力推进绿道建设。可以说，珠三角各市因地制宜，各显其能，是高效有序推进绿道网建设的关键所在。

为督促目标任务按时、保质、保量地完成，2010 年广东省住房和城乡建设厅制定了《珠三角省立绿道规划建设工作检查考核办法》，建立了不定期检查督促、年中督导和年终考核验收的工作机制。将珠三角各地市每月绿道建设的年度、季度任务和月度实际完成任务情况以图表形式（图 3-3）上报省委、省政府，并编印绿道建设信息简报将各市好的经验和做法进行交流。

在"粤建信息网"上开辟绿道专栏，将有关政策文件、技术规定、工作信息、媒体报道等进行资源共享，为各市绿道建设提供学习和交流的平台，形成各市争

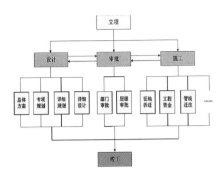

图 3-2　绿道建设的"绿色通道"
资料来源：珠三角绿道规划建设年度报告
（2011 年）

| 珠三角绿道网工作进度表（1月） | | | | | | | | | | | | | | | | | |
| 年度总任务 | | | | 季度总任务 | | | | 3月实际完成任务 | | | | | | | | | |
	绿道总长度（公里）	绿化总面积（公顷）	示范段（公里）	城际交界面（个）	绿道总长度（公里）	绿化总面积（公顷）	示范段（公里）	城际交界面（个）	绿道长度（公里）	比例	绿化面积（公顷）	比例	示范段（公里）	比例	城际交界面（个）	比例	其它任务完成情况
广州	340	400	124	6	68	200	50	1	90	26%	250	10%	15	6%	2	33%	
深圳	282	340	62	5					40	14%	150	7%	6	10%	1	33%	
珠海	75	60	48	2					10	20%	30	5%	7	10%		0%	
佛山	243	200	56	8					54	20%	100	8%	8	11%		0%	
惠州	174	150	58	3					24	20%	75	6%	9	10%		0%	
东莞	135	150	64	6					24	20%	75	11%	10	9%		0%	
中山	119	100	33	4					17	21%	50	4%	11	9%		0%	
江门	222	180	46	2					31	21%	90	8%	12	11%		0%	
肇庆	102	80	25	2					14	20%	40	6%	13	12%		0%	

图 3-3　珠三角绿道网工作进度汇总图表（示范）
资料来源：广东省住房和城乡建设厅

先创优、相互促进的局面。

　　与此同时，发展改革、财政、国土资源、环保、交通、水利、文化、林业、旅游等省直部门密切配合，制订相关工作措施，为绿道网建设开辟"绿色通道"，有效指导了绿道网建设。如省旅游局积极筹划将绿道纳入"广东国民旅游休闲计划"，并推动各市挖掘和开展绿道旅游活动。省林业厅积极推进绿道植树工作。此外，省政府每年年中还组织召开一次全省绿道网建设工作现场会，总结回顾绿道网建设总体情况，交流学习各市绿道网建设经验做法，并对下一步全省绿道网建设工作进行部署。

2.3 技术规范和指导文件及时跟进

　　广东绿道网规划建设属全国首创，尚无成熟的技术储备。为指导和规范绿道建设，在《珠三角绿道网总体规划纲要》颁布实施的基础上，省住房城乡建设厅及时组织开展一系列的基础性研究和技术规范、指导文件的制定，并组织开展相关的技术规范培训，如组织成立珠三角绿道网专家咨询委员会，并研究制定相关工作规则；组织开展"国内外绿道建设先进经验研究""珠三角绿道网的建设模式与保障机制"等基础研究和绿道网标识系统征集活动以统一标识系统；制订并颁布《珠江三角洲区域绿道（省立）规划设计技术指引》《广东省省立绿道建设指引》《广东省城市绿道规划指引》《广东省绿道控制区划定与管制工作指引》《珠三角绿道网生态化建设指导意见》《珠三角绿道网规划建设管理规定（试行）》等技术文件，明确了包括主要功能、路线走向、建设标准和配套设施等具体操作方式方法，又对规划设计、高效建设管理和长效运营机制等重要工作提出了具体的意见，为各市按照绿道内涵和功能推进绿道建设提供了技术支持和工作指南；组织有关专家对各工作组、各市规划建设系统有关人员进行绿道网规划建设培训工作。珠三角各市根据省的统筹指导，也迅速开展并完成本市绿道网规划设计工作，确定了本市省立绿道的具体选线和建设内容，奠定了珠三角绿道网建设的实施基础。可以说，技术规范和指导文件及时跟进，是高效有序推进绿道网建设的技术保障。

这些指引强调可操作性和实践性，提出可将绿道建设的重点归结为"绿"和"道"，便于各地实施。其中，"绿"除了绿道自身的绿廊之外，重点是划定和管控绿道控制区，以保障绿道的基本生态功能、营造良好的景观环境。尤其是生态型、郊野型绿道，以"绿"为重点优化选线，串联城乡聚居区、重要的自然和人文景观，确保绿道生态基底的完整性和原真性。"道"主要是选线的方法和慢行道建设的标准，确保连通成网。选线时选取开敞空间边缘、交通线路等作为绿道选线的依托，以优先串联重要节点为目标，综合考虑长度、宽度、通行难易程度、建设条件等因素，对线性通廊进行比选，确定绿道的适宜线路。同时，根据不同类型的绿道所处的位置的不同和功能的区别，其选线时考虑的要素和建设的标准也有所区别。如生态型、郊野型绿道的步行道宽度不小于 1 米即可，都市型的综合慢行道则建议不小于 4 米。

作为国内率先探索，在绿道规划实施的过程中也常遇到不少预料不到的问题，如"慢行道"突出强调非机动化，原则上不直接借道公路和城市道路等机动车道，但在建设的过程中发现某些特殊路段受到现状地形或城乡建设的限制，特别是城际跨界交界面和穿越城镇建成区的路段，为保证连通而必须借道。在借公路或城市道路建设绿道的技术问题上，省住房和城乡建设厅及时开展调研和组织专家研究，将借道部分定义为"绿道连接线"，要求单段绿道连接线长度不超过 3 公里，总长度不超过绿道网全长的 1/10，通过划线或交通管制的方式，如设置减速带和警示标志等，保证行人和骑自行车者的交通安全，必要时应采取设置交通护栏等安全隔离设施。既避免借道过长而影响绿道网的整体形象和功能，又保证了绿道网的贯通。

3 地方层面：建立各显其能、上下齐动的工作机制

按照全省统一部署和年度任务，各市均将绿道网建设纳入"十二五"、"十三五"规划和年度重点工作计划，建立高效的工作机制，落实责任分工，千方百计筹措资金，想方设法开通绿色通道。正是由于各市政府落实到位，精心部署，绿道网建设工作得以顺利推进。

3.1 高效运作，有力保障

全省各地市尤其是珠三角各市党委、政府主要领导亲自挂帅，并从市财政、市住房和城乡建设、规划、国土房管、市林业和园林局、交通运输、水务、旅游等主管部门和市公安局交通支队等部门抽调人员组成各市绿道网建设领导小组，成立市绿道网建设领导小组和办公室（简称"绿道办"），用以督促、领导和协调各区、县级市展开绿道建设工作，形成省、地市、县市（区）到镇街的多层级组织架构。各地市党政主要领导往往是亲自督战，分管领导具体落实，靠前指挥，推进地市绿道的规划建设。各市的绿道网建设牵头部门，特别是规划、建设、园林、城管、人居等职能部门和区镇政府全力以赴，扎实推进，表现出高效的执行力。各市在建设过程中碰到难题，常通过理论创新与实践创新相结合的方式，不墨守成规，边干边完善。如深圳在规划审批环节，采取市、区、街道"三级联审"的办法，大大节约了审批的时间；珠海、东莞等市在绿道建设过程中坚持不征地的原则，缩短了前期准备工作时间。

为解决资金短缺问题，加快推进省立绿道建设，除省层面设立绿道建设配套资金解决珠三角区域绿道网规划纲要和省绿道网建设总体规划编制、相关技术标准制订以及相关工作经费外，全省各地市、县市则以财政资金为主导，采取多种方式筹措资金，形成以政府投入为主，社会资金为辅的绿道建设投融资机制，并做好与国家、省的各类专项资金或项目资金衔接，形成资金合力。深圳、珠海市省立绿道的建设资金全部由市政府筹措；东莞市前期规划费用由市财政统筹，工程设计和工程建设资金由市财政及属地镇街按市镇各 50% 的比例分担；肇庆市对各区省立绿道建设采取导向明确的财政补贴和激励机制，2010 年完成的每公里补贴 10 万元、2011 年完成的每公里补贴 5 万元。肇庆市所属部分县市还

充分利用和衔接省市公路建设资金，在县乡公路改扩建或新建中一并建设绿道。另外不少地市、县市还通过社会捐赠、企业认建、出资命名、工程捆绑等方式向私人或私人基金会申请资金捐助。

3.2 多方式保障土地供给

土地保障是绿道建设能否进行的核心条件之一。在不违反国家、省相关法律法规和政策的前提下，各地市、县市也是各显神通，采取了土地协议、土地租赁、土地捐赠、土地征用等方式处理绿道建设的土地问题（蔡云楠等，2013）。

土地协议：珠三角各市在绿道网建设过程中，大多坚持"不征地、不拆迁，不改变原有土地的权属和使用性质"的原则。许多路段结合景区道路、村道、机耕路、河堤等，充分利用现有资源，尽最大可能减少征地拆迁。这一过程是在原有土地功能上叠加新的绿道功能，涉及不同部门、景区、企业、村集体和个人的权属土地和管理职责。绿道建设牵头部门可与相关单位和个人签订土地使用协议，或者直接委托原有的景区、旅游企业、村集体和个人经营相关路段并负责养护，政府出资建设绿道及配套设施。

土地租赁：绿道线路通过农村集体用地以及由单位或个人使用的国有土地时，探索采取土地租赁的方式，由绿道建设行政主管部门作为承租人，向土地所有或使用方缴纳租金，建设绿道相关设施，尽量不新增建设用地。如广州增城建设绿道坚持"原生态、原产权、原居民、原民俗"4条原则。所谓"原产权"就是指建设绿道不向农民征地，绿道所占土地向农民租用。政府租地按年支付租金，原来是水田的租金每亩1200元/年，原来是林地的租金则是每亩300元/年[1]。

土地捐赠：绿道线路需要穿过集体用地以及由单位或个人使用的国有土地时，可由村集体、农户、单位或个人自愿捐赠土地使用权，并在绿道建设过程中采取认建认养的方式，签订认建、认养协议，明确责任和权利。认建认养的绿道及其相关配套设施的产权不作变更，仍为原产权单位或个人所有。如惠东县因绿道需穿越沿海一些开发建设项目，而这些项目都已规划或建有一定数量的沿海步行栈道、观光道等。为了保障绿道建设的贯通，惠东县结合这些项目的功能提升和区域旅游休闲统筹发展，通过与开发商沟通争取到了以土地捐赠方式建设滨海绿道。深圳的溪涌绿道示范段等项目也同样是由开发商捐出部分开发建设用地开辟为公共绿道。开发商捐建绿道带动了沿线楼盘的升值，实现了企业与社会的双赢。

土地征用：在绿道建设过程中，由于城镇建成区及珠三角城镇建设连绵度较高，出于贯通的需求不得不在部分区域进行拆迁。各市在测算绿道建设费用时

1 数据来源：郑道森.绿道建设：三水要向增城学什么？[N]. 南方日报，2010-12-22，三水视窗。

通常会按照城市园林绿化基建工程的征用方式将这部分费用考虑在内，由沿线区县或镇街负责属地征地拆迁，资金由市级统筹解决或由两级财政分担，保障绿道网的贯通和建设质量。

3.3　突出地方特色，丰富绿道内涵

在把握生态化、本土化、多样化、人性化四大总原则的基础上，全省各地市在绿道规划建设过程中充分利用本地优势资源，因地制宜，突出本地自然风貌，发掘本地历史人文内涵，展现本地自然风貌和历史人文内涵，打造出主题不同、特色鲜明的绿道。如广州市依托"山、水、城、田、海"的自然格局，沿着城市的生态廊道设计绿道网，使绿道既与城市绿网、水网、路网相连，又与轨道、水道、城市慢行道相通，还与旅游景点、商业网点、运动场所、办公区域、居民社区相连接，形成了"绿道成网、景观相连、景随步移、人景交融"的格局，提升了绿道的综合功能和整体效益；深圳市凸显城市滨海特质，沟通山海，强化城市山－海－城特色体验，体现自然风光与城市生活的融合，并率先提出并践行区域、城市、社区三级绿道网的服务时距标准，市民5分钟可达社区绿道，15分钟可达城市绿道，30~45分钟可达区域绿道，在绿道建设中坚持生态标准，广泛采用环保材料，梅林坳－长岭陂示范段的服务区一律使用废弃集装箱组合安装，照明设施基本采用风能和太阳能；珠海市坚持点面结合，充分体现珠海山海相拥、陆岛相望的城市风貌，滨海地区和沿岸岛屿建设的栈道、凉亭和拱桥与沿途红树林等滨海风光相得益彰，颇具特色，在建设过程中还提出"三边"（沿山边、水边、林边）、"三因"（因地制宜、因形就势、因陋见巧）、"三不"（不征地，不拆迁，不砍树）和"六型绿道"（滨海都市型、田园郊野型、历史人文型、体育竞技型、海岛休闲型、工业生态型绿道），在绿道网建设过程中充分利用原废弃地段等，将其改造为休闲驿站或观景平台；佛山市将绿道建设与"三旧"改造和村庄整治结合起来，在环境优美、水乡景观集中的地区选线，明显改善了村容村貌，充分体现了水乡特色；惠州市积极利用沿海步行栈道、观光道、沿东江和西湖的水边，沿风景区的山边和乡村小路等打造特色各异的绿道。东莞市坚持原生态、原产权、原居民、原民俗的"四原保护"原则，建设滨水绿道环、都市绿道环、山林绿道环"三环山水绿道"，并利用荒坡地、旧厂房、旧民居等建设停车场、休息室、卫生间、便利店等旅游服务设施，具有非常浓郁的本土特色。例如大朗镇作为"荔枝之乡"，着力打造原生态荔乡绿道，绿道沿线所经过的荔枝林，都被最大限度地保留下来，尽显荔乡特色；中山市结合各镇区旅游产业规划及新农村建设，绿道网串连了"村（翠亨）"、"城（主城区）"、

"山（五桂山）"、"水（民众水乡）"等主要景观，并突出"人文中山"理念；江门绿道建设重点突出了山水历史人文特色，将滨江山水葵林、世界文化遗产碉楼与历史文化古村落等景点串联起来，体现了侨乡特色韵味；肇庆市坚持做到"五个结合"，将绿道网建设与自然生态、历史文化资源、城市建设、旅游景观和设施配套相结合，并向全市域辐射。这些因地制宜，各具特色的做法，进一步充实了珠三角绿道网建设的内涵，丰富了绿道网的内涵和功能，为绿道网建设的顺利推进提供了有力支撑。

3.4 因地制宜的建设模式，节约人力物力财力

在绿道建设方面，各市根据自身的资源条件和发展方式循序渐进开展绿道建设，各市的建设模式可分为四类：

一是"依托大事件开展生态修复"模式：代表城市有广州市、深圳市。广州、深圳作为国家中心城市，人口密度大、土地集约利用、轨道交通和机动化发达。两市绿道建设在亚运会、大运会等大事件的推动下，不仅串联景观节点和居民点，还充分结合绿道建设开展城市环境治理和景观改造工程，进行生态修复，改善大城市的生态环境，提高宜居性。如广州依托广州深厚的历史文化底蕴和"山、水、城、田、海"的自然格局，沿着城市的生态廊道部署绿道网，串联广州最好的山水、田园、历史人文景观，并提出了"三建结合"的绿道建设模式，并提出了"三建结合"的绿道建设模式，一是结合花园城市建设，二是结合"青山绿地蓝天碧水"工程，三是结合迎亚运人居环境综合整治工程同步开展，使绿道与绿网、水网、路网相互连通，引导市民走进绿地，亲水近水，充分享受到城市人居环境综合改善和亚运会促进城市建设的发展成果。

二是"依托景区拓展游憩功能"模式：代表城市有江门市、肇庆市、珠海市、惠州市和广州增城。这些区域自然基底保留较好，自然、人文旅游资源丰富，城市化水平和人口密度适宜，绿道充分利用自然资源，重点建设景点周边绿道、以绿道建设开发景区，拓展市民的游憩空间，以此促进城市的宜居性；如肇庆依托鼎湖山、星湖等自然资源，建设"环城、环湖、环山"绿道网，将星湖、鼎湖山、广宁"竹海大观"、怀集"世外桃源"、封开"贺江九曲十八湾"、德庆"盘龙峡"、高要生态园等重要节点串联起来，突出旅游观光特色，打造千里休闲走廊。增城区政府出台了农户开办农家乐竞争性扶持资金评审办法等一系列政策和服务规范，充分调动了广大农民参与打造绿道旅游产业的积极性，引导绿道沿线的农民科学布局农家旅馆、土特产购买点、驿站服务区、农家乐餐饮点、商业街等产业链。

三是"绿道与城乡环境整治和水利设施建设相结合"模式：代表城市有佛

山市、东莞市和肇庆市。如佛山市在绿道规划建设过程中充分结合旧厂房改造、村庄整治等建设绿道，为沿线村庄添置了路灯、体育器材等一系列设施，带动了城乡面貌改善。肇庆结合堤防加固，建设从龟顶山森林公园沿西江的环城绿道；结合牌坊广场扩建、星湖环境整治，建设环星湖绿道；结合北岭山排洪渠建设，建设环鼎湖山绿道。

四是"绿道与公共自行车系统同步发展"模式：代表城市有佛山市、中山市、东莞市。佛山、中山、东莞三市工业相对发达，各市下辖的区（镇街）发展水平均衡，城市化水平较高。这三个城市的绿道建设依托当地的水库、水网、景区、公园等自然基底进行建设，同时将绿道与公共自行车系统的建设相结合，在大力构建绿道网的同时，将公共自行车系统与绿道慢行系统相连通，建设辐射城区的公共自行车网点，形成一体化的运动、休闲观光、低碳出行的自行车服务网络系统，切实体现低碳生活，真正实现绿色出行。

4 社会层面：建立社会各界广泛参与机制

区别于传统的蓝图式目标倡导性规划，广东绿道的规划建设既是一项生态工程，更是一项民生工程，离不开全民的参与。可以说，社会各界的积极参与与配合，为实现绿道网建设高效有序推进营造了良好的社会氛围。

4.1 邀请民间组织、专家学者参与绿道规划调研与方案研讨

在绿道网规划方案制定过程中，全省各地市往往都会邀请当地的自行车运动协会、登山协会、旅游协会等民间组织和驴友、专家学者参与现场调研和绿道选线、驿站设计、绿道标识等方面的研讨，形成接地气的绿道规划和设计方案。

4.2 借助绿道标识，提升公众对绿道的认知度

根据时任省委书记汪洋提出的"将来可以参考国家高速公路的做法，对我们省的绿道进行统一标识"的重要指示精神，为建立标准化、规范化、科学统一的广东绿道网标识系统（图3-4），树立和提升绿道网的形象、档次和品味，广东省住房和城乡建设厅于2010年3月开始组织开展了珠三角绿道网标识系统设计工作。经过方案征集、专家评审、公众参与、各市咨询、部门审定等程序，于2010年5月完成了正式成果的发布和启用（图3-5）。

绿道 Logo

绿道信息墙

图 3-4 广东绿道的部分标识
资料来源：广东省住房和城乡建设厅

绿道导向牌

绿道出入口标识

图 3-5 珠三角绿道网标识系统发布会现场
资料来源：作者自拍

图 3-6 深圳龙岗大运驿站标识系统
资料来源：聚焦绿道·印象广东——摄影大赛获奖作品集

广东绿道网标识系统的正式发布和启用，极大增强了广东绿道网的独特性和可识别性，提升了绿道网的品质和形象，推进了绿道网成为省的标志性品牌工程。同时，统一的标识系统也极大地方便公众了解绿道（图3-6）、支持绿道、参与绿道、使用绿道、享受绿道，最大限度地发挥绿道的效益。

4.3 通过宣传与引导，动员社会各界参与绿道建设

4.3.1 通过各类媒体宣传，加强社会对绿道的认知

各类传媒敏锐抓住绿道这一社会热点，纷纷开展全方位、多角度的报道，营造了一个"人人知绿道，人人爱绿道，人人享绿道"的社会氛围。如南方日报从2010年4月10日开始推出《绿版》，将绿道建设作为重要宣传内容，倡导绿色生活，发展绿色经济。2010年9月南方日报又推出"我们走在绿道上"大型系列活动，对珠三角绿道网连续进行深度报道，集中展示珠三角绿道建设成果。各市为增加绿道知晓率，想方设法加大宣传推广力度。省住房和城乡建设厅联合省委宣传部筹办了"广东青年记者绿道行"和"中央媒体记者绿道行"等活动，建设完成"广东绿道网"网站，组织制作了绿道专题片、公益广告片，并于2011年9月底在广东卫视等频道持续播出公益广告，扩大宣传。

4.3.2 让村民了解绿道，支持绿道建设

绿道对广大村民来说是个新鲜事，许多村民难以理解，态度不甚明确。为在短时间内让村民理解绿道，支持、配合、参与绿道建设，惠州市惠城区政府组织绿道沿线4个镇（街道）20多个村（组）共50多位村干部到增城参观学习。增城通过绿道建设改善农村环境，带动农村经济发展等一系列情况，使惠州的村干部们切实感受到绿道建设的好处。参观学习活动结束后，广大村干部带头做好村民的工作，一些村庄主动要求将绿道原绕山选线方案改为结合村道建设，他们负责提供土地，大力支持绿道建设。这样，既缩短了线路，减少填挖土方，节约了建设成本，又得到群众的支持，实现了绿道建设的"双赢"。

4.3.3 广泛动员，鼓励开发商参与绿道建设

绿道作为生态工程、民生工程，往往会给周边物业和土地带来升值，深圳、珠海、惠州等市开发商捐赠土地配建绿道提升土地价值、吸引人气的成功经验，

激发了开发商参与绿道建设的热情，尤其是滨海滨江、临山区域的住宅建设项目，都希望引入城市绿道或在自身规划建设的步行栈道、观光道基础上通过增加驿站等服务设施，成为区域或城市绿道功能节点或旅游休闲目的地，来提高项目的可达性和促进项目人气。如珠海金湾区的祥祺驿站所在位置就是一个正在建设中的楼盘会所。这个驿站全部由楼盘的开发商出资，政府只提供土地。驿站建成以后，除了开发商享有 15 年的驿站经营权之外，祺祥驿站也成了附近住宅区居民健身、休闲的"后花园"。

本章主要参考文献

1、林尚立. 当代中国政治形态研究 [M]. 天津：天津人民出版社，2000 年：271.

2、李建平. 传承与创新：珠三角绿道网规划建设的探索 [M]// 转型与重构——2011 年中国城市规划年会论文集. 南京：东南大学出版社，2011.

3、蔡云楠，等，编著，绿道规划：理念·标准·实践 [M]. 北京：科学出版社，2013：76.

4、广东省人民政府. 珠江三角洲绿道网总体规划纲要 [C]. 2010.

5、广东省人民政府. 广东省绿道网建设总体规划（2011~2015）[C]. 2012.

第四章
广东绿道建设管理与运营维护

1 试点起步，推进绿道建设管理立法

1.1 绿道建设管理立法试点

至 2010 年底，珠三角 6 条主线提前实现全线贯通，体现出其生态、宜居、经济等方面的综合效应，也受到了市民的广泛欢迎。由于在绿道网建设早期侧重于硬件建设（资源调查、线网联通和工程建设），而对管理维护及使用、宣传推广还比较薄弱，绿道管理和维护的长效机制缺失，绿道能否实现可持续发展面临不少挑战，探索建立绿道管理法规显得必要。

未雨绸缪、提前谋划，是规划人的一贯思维。为引导和规范珠三角绿道的规划建设管理，在绿道规划设计与建设协同推进阶段（2009~2011 年），广东省住房和城乡建设厅就启动和委托相关研究单位开展了绿道管理维护机制研究的相关工作，并要求具有立法权的广州、深圳、珠海市开展绿道网建设管理的立法试点工作，作为经验向全省推广。2011 年 12 月底《珠海市绿道管理办法》的出台，成为全省首部指导绿道规划建设、维护管理和使用运营的政府规章。随后《广州市绿道管理办法》（2012 年 4 月）、《深圳市绿道管理办法》（2012年 6 月）相继出台，肇庆和惠州两市也出台了暂行规定。

从以上五市的管理办法来看，均对绿道的管理主体予了明确。深圳、珠海、肇庆明确提出实行属地管理的办法；惠州则允许市、县政府结合本地实际，确定或设置绿道管理机构，统筹和具体负责绿道规划实施、养护和监管等工作。广州市对绿道的管理分工更为细致：提出由市林业和园林负责制定绿道建设年度规划、计划，承担绿道建设、日常巡查与运营管理，编制绿道管理资金预算，内设绿道办承担绿道建设与管理的组织协调等；市交委负责绿道配套公交、停车站场、公共自行车系统等对接工作；市城管负责绿道广告招牌设置管理，病媒生物防治，查处养犬影响绿道环境卫生行为等等，共涉及 15 个职能部门。经费方面，各市均将之纳入财政预算，并鼓励社会捐赠，深圳、珠海两市更发起了认建、认养、认管的活动，发动社会力量参与绿道建设、管理和运营。维护和运营方面，多数也都鼓励采取市场运作、社会参与的方式。

1.2 绿道建设管理省级法规的出台

在充分吸收上述广州、深圳、珠海等城市绿道管理办法的经验和亮点的基础上，2013 年 8 月广东省人民政府正式颁布了《广东省绿道建设管理规定》（下称《规定》），并从当年 10 月 1 号开始实施，标志着全省的绿道建设、管理和运营步入有法可依的发展阶段。

《规定》从绿道工作组织、绿道规划、绿道建设、绿道管理、绿道开发利用和监督检查、法律责任等方面对绿道建设提出了具体的管理要求。《规定》明确提出绿道属于公益性质的基础设施，由省住房和城乡建设主管部门负责统筹协调、指导和监督本省绿道工作，市、县（区）政府应当明确绿道的管理部门，由其负责组织开展本行政区域绿道建设管理工作，县级以上人民政府应当在立项、建设、土地等方面予以支持。绿道建设应当坚持统一规划、分步实施、因地制宜、量力而行的原则，体现地方自然风貌和历史人文特色。鼓励公民、法人和其他组织参与绿道建设、管理和开发利用，建立政府主导、社会参与的多元化绿道建设、管理和开发利用机制。

绿道规划方面，《规定》提出：绿道规划包括全省绿道总体规划和城市绿道总体规划。省住房和城乡建设主管部门组织编制全省绿道总体规划，地级以上市绿道管理部门组织编制本行政区域城市绿道总体规划。新区建设、旧城改造以及涉及绿道建设的城乡建设项目，应当在编制规划或者设计方案时，统筹安排绿道建设内容。

绿道建设方面，《规定》要求：市、县（区）人民政府应当按照绿道规划制定绿道建设年度实施计划，并组织实施。绿道建设应当利用和依托现有设施，或者与村庄整治、农林水利工程、环境治理工程、园林绿化工程等相结合，节约资源，避免对自然生态环境和历史人文资源造成破坏。绿道原则上应当与公路、城市道路保持一定的隔离空间。为保持绿道连通，需借用公路或者城市道路的，应当在公路或者城市道路上设置标识牌、减速带，按照道路标准设置交通标志线、交通信号灯，限制机动车车速。

绿道管理方面，《规定》提出：绿道实行属地管理，可以采用政府监管和市场化运作相结合的管理方式。绿道的管理部门应当统筹做好绿道及其配套设施的管理维护工作，并在绿道投入使用前明确绿道的具体管理单位，要建立绿道管理维护机制和安全巡查制度，对可能破坏绿道建设和管理的行为在绿道及其控制区内明令禁止。

在绿道及其控制区内，以下行为被明令禁止：

(1) 禁止通行与绿道工程建设和管理无关的机动车；

(2) 禁止乱丢垃圾、乱张贴等破坏绿道环境卫生及整体景观的行为；

(3) 禁止乱搭乱建、占道经营、占道停车、堆放杂物、破坏绿道及其配套设施等影响绿道正常使用的行为；

专栏：广东首部绿道建设管理的政府规章——《珠海市绿道管理办法》摘要

1. 总体原则

本市绿道实行统一规划、统筹组织、属地建设、分区管理的原则。

珠海市政园林行政管理部门（以下简称市市政园林部门）是本市绿道行政主管部门，负责全市绿道的统筹协调监督工作。各区人民政府（经济功能区管委会）具体负责本辖区内绿道的建设、维护、运营和日常管理工作。市规划建设、国土资源、环境保护、文体旅游、交通运输、公安、城市管理行政执法等行政主管部门按照各自职责，做好绿道管理工作。

2. 规划建设

绿道网专项规划应当纳入城乡总体规划，与土地利用总体规划相衔接，由市市政园林部门组织编制，并按程序报批。

绿道网的规划建设应当充分利用现有的人文自然条件。其规划应当因地制宜、因形就势、因陋见巧；选线应当依托山边、水边、林边；建设应当坚持生态性、游憩性、经济性；成效应当体现本土化、多样化、人性化。

需要改建、扩建绿道的，应当事先征得市市政园林部门的同意。绿道的规划设计方案和施工图设计方案应当征求市市政园林部门的意见。建设单位在绿道工程竣工后，应当按照有关规定组织竣工验收，并将验收结果抄送市市政园林部门；未经验收或验收不合格的，不得交付使用。

3. 维护与管理

绿道维护和管理工作应当按照属地管理、专业维护的原则，由各区人民政府（经济功能区管委会）负责组织实施。市市政园林部门负责对全市的绿道维护和管理工作进行指导、监督、检查和考评。

绿道管养单位应当对划定的绿道控制区实施空间管治，建立和完善使用、维护、运营、巡查和应急等制度。

4. 使用与运营

禁止汽车、拖拉机、摩托车（含电动摩托车）等机动车辆以及电动自行车、加装动力装置的非机动车进入绿道或在绿道上停放。绿道管养单位应当在绿道上设置禁行标识。

绿道所在区人民政府（经济功能区管委会）可按照有关规定，组织开展绿道旅游开发、自行车租赁、商品售卖、宣传推广等商业运营活动。

利用绿道开发旅游项目，符合本市规定的，可按相关规定申报政府资金扶持。

注：摘自《珠海市绿道管理办法》

(4) 禁止建设与绿道开发利用无关的建筑物、构筑物；破坏绿道控制区内的自然生态环境和历史人文资源；

(5) 禁止从事对绿道环境和公共安全可能造成不良影响的其他各类活动；以及法律、法规禁止的其他行为。

绿道开发利用方面，《规定》提出：应坚持生态优先、便民惠民原则，发挥绿道的环境改善、休闲旅游和经济带动功能，引领绿色健康生活方式。绿道管理部门应当会同有关部门，制定绿道开发利用总体目标，根据绿道周边自然生态环境和历史人文资源，结合城市广场、公园等公共空间体系和非机动交通系统建设，确定绿道功能定位，促进绿道使用功能的多样性，提高绿道使用率。鼓励利用绿道开展体育健身、休闲旅游、文化展示、科普教育等活动。绿道慢行系统和体育健身、科普教育等公共服务设施应当免费向公众开放。餐饮、购物、自行车租赁等商业服务设施可以实行市场化经营。

1.3 绿道建设管理向地方延伸——属地管理

在遵守《规定》总体要求的基础上，结合中央、省城市工作会议精神和城市实际，2016年肇庆、东莞、中山等城市相继开展和出台城市绿道管理办法，探索加强绿道的属地管理，推进绿道建设管理向地方延伸。

《肇庆市绿道建设管理办法》（2016年8月8日十二届57次市政府常务会议审议通过，下称《肇庆办法》）由绿道的规划建设、绿道设施维护及运营、绿道使用管理和监督管理等内容构成，明确规定该市行政区域内绿道的规划、建设、管理和开发利用的详细内容，从而建立政府主导、社会参与的多元化绿道建设、管理和开发利用机制，并鼓励公民、法人和其他组织参与绿道建设、管理和开发利用。其中加强属地管理是《肇庆办法》的一大亮点。

《肇庆办法》明确提出：肇庆市城市管理和综合行政执法局是该市绿道管理部门，负责指导、协调、监督全市绿道及其公共附属设施的规划、建设、管理维护和开发利用工作。其他相关部门则按照职能，协同做好绿道规划、建设和管理工作。其中，环星湖景区的绿道由肇庆星湖风景名胜区管理局负责维护管理，除此之外的其他绿道按照属地原则，由各地负责维护和管理。

《肇庆办法》明确提出：属地绿道管理部门具体负责以下工作：（1）根据市绿道网建设总体规划组织编制和组织实施辖区内的绿道规划，贯彻执行有关法律和政策。（2）制定绿道使用的公共规则，协调有关部门做好绿道内环境卫生、治安、商业和服务业的监督管理工作。（3）保护绿道资源及绿道生态环境，开发利用绿道资源。（4）监督绿道管养单位做好绿道的慢行道、绿化以及标识、驿站等配套设施的维护工作，定期检查绿道内的安全设施等。

其中，在绿道设施维护及运营方面，更是详细地明确了属地管理的具体要求。

（1）绿道及附属设施由属地绿道管理部门负责维护管理。属地绿道管理部门可以通过政府采购服务方式择优选择绿道维护管理单位，实行委托管理，签署政府采购服务合同。

（2）属地绿道管理部门应当依照相关规定对绿道及附属设施进行养护，制定完善的养护技术方案，配备设备、工种齐全和相对固定的养护队伍，养护改造到位、得当，保持绿道总体景观良好，设施齐全无损坏。

（3）属地绿道管理部门应保持绿道范围内所设置的建筑物、构筑物、栏杆、照明、广播、垃圾箱、医疗救助、应急援助等设施完好整洁，金属部分光亮，维修、油饰、粉刷和清洗及时；绿道示意图、简介、须知、指示标牌、交通标志(标线)、警示标牌及禁止标志完整、无褪色、无污染、无灰尘、无错字缺字，外文翻译准确。

（4）属地绿道管理部门应当按照规定设置环境卫生设施，加强绿道环境卫生管理，并符合下列要求：①绿道及附近环境无明显垃圾、污垢和杂物，无乱写乱画乱招贴；②公厕卫生、洁净、无异味；③分类垃圾箱(桶)放置恰当，外形美观、整洁、完好，垃圾清运及时；④给水排水畅顺。

（5）属地绿道管理部门应当加强绿道绿化带管理养护，保持绿化带不露泥土，无杂草；植被茂盛美观，冠型完整，无枯枝败叶；分枝修剪到位，不影响游览和观景。

（6）绿道用地上的树木，不得随意砍伐；确需更新砍伐的，应当报属地绿道管理部门同意。属城市规划区范围的依照《广东省城市绿化条例》等相关规定办理审批手续；城市规划区范围外的，按照《中华人民共和国森林法》有关规定办理审批手续。

（6）属地绿道管理部门可以在采取政府采购服务选择绿道维护管理单位时，一并授予绿道维护管理单位在绿道范围内从事商业网点经营的权利，同时折减或抵销政府采购绿道维护管理服务的费用，也可以单独通过公平择优方式选择绿道商业网点经营者。

（7）属地绿道管理部门按照符合规划、布局合理、安全、便利和与周围景观相协调的原则，统一设置商业网点。

另外，《肇庆办法》还列出绿道范围内禁止的十则行为，包括占用慢行道及绿化带非法摆摊设点或流动兜售物品等；堆放、倾倒垃圾、废土、废渣杂物，晾晒衣物；在绿道上非法设卡或设置障碍拦截行人和车辆；在设施、树木上涂、写、刻、划、张贴，在绿道设施上践踏、躺卧；损毁花草树木，采摘果实，捕猎射杀野生动物；随地吐痰、便溺，乱丢果皮、纸屑、烟头等废弃物；未经绿道管理部门许可，在绿道范围内设置户外广告；携带宠物随地便溺；非烧烤区内烧烤、大声喧哗或使用高噪声音响设备以及其他损害绿道绿化及其附属设施，影响道容和秩序的行为。

而《东莞市绿道管理办法（征求意见稿）》则明确提出了，绿道及其控制区（指沿绿道路沿外侧，划定一定范围并加以管理和保护的区域）内，禁止开发经营类建设项目，如房地产开发、大型商业设施、宾馆、工厂、仓库等；禁止开发污染绿道环境项目，如不符合环境保护要求的餐饮服务设施、油库及堆场等；此外，与绿道开发利用无关的临时建（构）筑物也不得出现在绿道控制区域内。

2　政府主导，探索多样化的绿道建设与经营管理

在政治动员建设机制的统领下，政府主导必然成为广东绿道管理的主要方式，尤其是在前期阶段，由于各项制度不完善，部门之间权责界定不清晰，更需要发挥省、市政府的组织动员和统筹指导，以强化规划建设为重点，稳步探索绿道的管理和运营。随着珠三角绿道网的完善和向粤东西北、向城市内部拓展，以及绿道属地管理机制的成熟，探索多样化的绿道建设管理与经营方式成为必然趋势。至目前为止，政府主导的绿道建设管理方式已成绩斐然，推动着全省绿道建设管理与市场化经营的有序开展。

2.1　政府主导的多样化建设管理

按照"省统筹指导，地方政府建设为主"的总原则，广东绿道的建设管理采用了"省级监管、地方审查"的原则（蔡云楠等，2013），形成政府主导的多样化建设管理。

省级监管部门：省绿道办是全省绿道建设管理的主要监管部门。在绿道建设前期阶段，省有关部门需要审查绿道的各层次规划，判断绿道选线是否合理、城际交界面是否建设、绿廊是否划定、配套设施是否完善、标识系统是否明确等。

具体负责部门：绿道所属城市相关建设行政主管部门是绿道建设工程的具体负责部门。城市绿道办通常是绿道建设管理机构和项目法人，全面负责绿道工程的建设质量、投资、进度等。

建设单位选择：地方绿道办通常采用招标方式，择选专业化的项目管理企

业对绿道建设项目进行投资管理和建设实施。绿道建设工程严格实现项目法人负责制、工程建设招标投标制、工程监理制、竣工验收制，并按合同实行管理。

为更加明确绿道建设管理的职责，各个地市根据自身特点，探索了不同的建设管理模式，主要包括属地建设管理模式、分段式建设管理模式和其他机构建设管理模式等类型。

2.1.1 属地建设管理模式

属地建设管理模式是广东绿道网建设管理和运营的主要模式，是指由绿道所在的镇街、村、社区对管辖区域内的绿道进行统一管理，做到"谁建设、谁管理、谁维护"。例如广州市增城区按行政区划分，由各镇街分别负责本辖区内的绿道、慢行交通系统的建设任务，并将相对应的清理整治工作分配到具体的片、村、合作社，形成镇、村、社三级联动机制。该模式能够有效调动地方资源，充分节约人力和资金成本，并在一定程度上提高工作效率，充分发挥镇街在绿道管理与维护的主导地位。但同时容易出现有利大家一起争，有弊就互相推诿现象，绿道建设资金主要由当地筹措，由于缺乏鼓励和促进政策，该模式的可持续性较差，且随着绿道网功能的不断扩展，地方政府在进行管理时容易出现考虑问题不全面的"短视"现象，造成绿道网资源的浪费。随着绿道网功能的升级，属地建设经营管理模式也需要同步进行升级，以便更好的适应绿道的发展。

2.1.2 分段式建设管理模式

分段式建设管理模式是指根据绿道的不同类型进行有针对性的管理，以广州从化为例，根据绿道的属地和资源情况，将绿道划分为河堤段、乡村段和城区段，对绿道实施分段管理。河堤段由区水务局经营管理，乡村段遵循属地建设管理要求由镇政府部门经营管理，城区段则由区住房和城乡建设管理部门进行管理。该模式的特点是专业对口型较强，对于不同类型绿道在建设管理上遇到的问题，各个管理部门能够充分利用各自职能权限进行解决，从而最大化绿道的功能和效益，并减少不必要的矛盾和问题。但与此同时，各个部门受限于各自职能范围，对绿道建设管理的全局考虑不周，易出现管理脱节，在不同类型路段进行衔接时，易出现管理标准不统一或多头管理现象，造成行政资源的浪费。区域绿道网作为全省重要的绿色基础设施，在建设管理上应当由同一部门统一部署实施，涉及具体问题时，可以采取分段式管理的方式进行协调解决，从而确保绿道网建设的连贯性和统一性。

2.1.3 其他机构经营管理模式

除了属地管理和分段式管理等主要建设管理模式，其他地区根据自身特点，还产生了包括公园机构经营管理模式和特殊机构经营管理模式等特色管理模式。以广州市南沙区滨海绿道为例，其绿道管理是由南沙区农林局成立建设小组，委托下属单位南沙市政公司（负责公园管理的农林局国有企业）负责绿道的建设、管理、运营和维护。惠州罗浮山风景名胜区至324国道的绿道是有当地驻地官兵参与建设的，因此后期由相关军队部门承担了后期的管理和维护工作。上述管理模式充分结合地方实际，做到了因地制宜，能够较好的平衡建设与管理的关系，并尽可能降低了运营维护成本，确保前期建设与后期维护的连续性，但是在绿道网长效管理上来看，未来还是应当建立较为统一的运营管理模式，同时在此基础上各地结合实际情况发挥特长，保证绿道网在满足基本要求和功能的前提下，为沿线带来更多的效益。

2.2 市场化导向的经营管理方式探索

绿道是一项公益性政府工程，同时也是广东省绿色基础设施的重要组成部分，涉及部门和覆盖区域过于广泛，过多的依赖政府将对政府产生较大压力，不利于保障绿道的长期正常运营和管理，绿道网可能因无法保证足够的财力支持而失去活力，也可能因地方政策的变化导致管理出现困难。广东作为我国改革开放先行地，市场机制发育较好，在绿道网建设管理和运营中也进行了积极的市场化运作。例如将驿站、停车服务、游乐、自行车租赁、餐饮、住宿等市场化程度较高的项目交由市场运营，同时还可以与慢行道、标识系统、环卫维护等项目一起打包进行"市场化"运作。目前，很多地市已经进行了许多有益的尝试，具体包括以下方式。

2.2.1 旅游公司经营管理模式

旅游公司经营管理模式是珠三角发达地区绿道运营的一种主要模式，该模式主要选择大型旅游公司或组建综合性绿道旅游公司来管理绿道，将绿道的某一个项目、某一段慢行道或一个镇甚至一个县的绿道打包，交由旅游公司管理和经营。例如广州市增城区采用了部分项目市场化模式，将增城所属自行车租赁、游船经营和配套服务等承包给旅游企业自主经营。如安达国际旅行社承包经营了荔城街的自行车绿道，半年多内共接待游客上万人次，其运营已进入良性发展状态。

从化区绿道引进了南兴公司参与驿站的建设，由有关公司专门成立旅游开发子公司，进行驿站的管理和运营，并通过制作宣传资料、网上推介以及与其他企业团体组织开展活动等方式，提升绿道的知名度和旅游经济效益。广州市花都区采用了整体打包市场化模式，由花都区城市管理局、各镇街与广东南湖国际旅行社有限公司签订经营管理委托协议，将广州市内的 4 号绿道花都段和相关服务区打包给广东南湖国际旅行社有限公司独立经营 20 年，根据签订的协议，该公司主要负责为游客提供绿道旅游服务和自行车租赁服务，以及绿道全线驿站及路径的维护和卫生保洁工作、绿道安全秩序管理和游客安全教育，同时，也要负担完善绿道安全设施，保障游客安全；配合区各部门举办各类与绿道相关的活动；参与绿道规划、旅游配套的论证和评审等。此外，该公司还是花都区的旅游合作单位，拥有芙蓉嶂风景区 50 年的经营管理权限，目前该公司已经将绿道项目纳入其旅游产品和线路中，与旅游景点捆绑式经营，取得了较好的效果。

从目前已有成效来看，由于旅游公司拥有较为成熟的旅游产品运作经验，能够充分发挥绿道的游憩休闲功能，并较好的满足游人各方面的游览需求，因此在绿道的经营上表现出较强的活力和创造力，并能够产生不错的宣传效果。但同时旅游公司需要以营利为首要目的，追求利益第一，在对绿道进行开发利用时，可能导致损害绿道生态效益的行为，因此，在该种模式下，政府部门应当完善的绿道网管理规定，约束旅游公司的开发行为，协调旅游公司发展与绿道网生态效益之间的关系，确保旅游公司的收益的同时，绿道的生态效益和社会效益不会受到损害。

2.2.2 其他市场化的经营管理模式

除了通过较为成熟的旅游公司管理运营绿道外，绿道的运营管理还可以通过与房地产开发商、自行车租赁公司等合作，或由与绿道网关系较为紧密的机构代为管理。此种模式的最大优势，是将绿道运营与商业开发相结合，是一种新型

专栏：广州番禺区采取多样化经营方式，提升绿道驿站服务水平

番禺区现有绿道驿站 18 个，分别由番禺道建公司、广州公共自行车公司管理。区交投公司属下的番禺道建公司负责番禺区除大学城之外的 14 个绿道驿站的管理工作，广州公共自行车公司负责大学城内的 4 个驿站。大学城之外的 14 驿站以公益性质为主，番禺道建公司共投入 800 多辆自行车，自行车租赁第一个小时免费，方便群众使用。目前，18 个驿站全部实行早上 9 时开门，晚上 6 时收班，节假日不休息的服务时间，驿站内部服务设施齐全，群众对驿站零投诉。

资料来源：番禺：同心同德 打造花城绿城 [N]．番禺日报．2016-07-05

的企业营销途径，能够极大的调动代管公司的积极性，并鼓励开发商将绿道与所建小区的道路与绿道相连，减少政府的公共开支，同时达到提高绿道网可达性的目的。与旅游公司管理类似，该种经营模式应以《广东省绿道建设管理规定》和地市绿道建设管理办法为基础，在不损害绿道网环境，不降低游人游览体验的基础上进行合理的开发和利用。

3 专项资金引导，多方式筹措绿道建设资金

除了法律、制度保障外，资金是绿道能否建成和得到维护升级的重要保障。绿道作为具有政府公益性的公共产品，省市财政专项资金必然成为其规划建设和管理运营的基础支撑。

3.1 绿道专项资金来源与用途

根据广东省财政厅对绿道资金管理使用的有关要求，市、县（区）人民政府应当将绿道规划、建设、管理、宣传推广等工作经费纳入财政预算；属于基本建设投资的，应当纳入政府建设投资计划，省财政对经济欠发达地区绿道建设应予以扶持。同时，要求县级以上人民政府在立项、建设、土地等方面对绿道相关工作予以支持。

目前，广东绿道建设和维护的经费主要来源于政府专项资金支持，由广东省财政厅每年公布资金的具体分配计划，并将每年度省绿道建设专项资金采取国库集中支付管理的方式下发给各地市住房和城乡建设管理部门。资金的具体类别分为省绿道网规划建设工作专项资金和粤东西北绿道网建设资金，其中省绿道网规划建设工作专项资金主要用于组织召开重要工作会议、开展规划技术研究、监督检查和技术指导、培训和考察调研、建设绿道管理信息平台、宣传报道和成果推介活动等工作；粤东西北地区绿道网建设资金主要用于各地结合自身实际开展绿道网建设任务。

支持绿道专项研究项目是每年绿道网专项资金中的主要功能，目的是为绿道网建设积累总结经验，不断推陈出新进行资助。绿道网专项研究项目包括开展规划技术研究和绿道网信息平台建设等工作，旨在不断深化绿道网的内涵、功能和意义。

3.2 资金筹措方式

目前，虽然广东绿道建设管理的资金已基本摆脱了完全依赖政府财政的方

式，但是社会的参与度和市场的反映仍不够热烈，多元化的投资形式依旧欠缺，尤其是缺少非政府、非营利组织的介入，当以营利为目的的投资占据主动权时，如果监管不力，就将容易出现为经济利益而损害绿道建设的行为。由于绿道的公共服务属性，其社会公益性较强，但因投入资金难得取得快速回报，因此容易受到政府和市场的忽视。参考西方发达国家经验可知，西方国家绿道建设管理和运营维护的资金均以政府投入为主，但同时也充分调动了市场力量，借助社会多方力量分担绿道的管理运营维护成本，并带动更多的群体参与到绿道的运营管理工作当中。

广东各地市政府应在落实好升级绿道网专项资金的基础上，根据自身情况，将本地绿道的维护和恢复、重建费用纳入年度基本建设投资预算，并积极寻求与公众、企业、社会团体以及其他机构的合作，在符合有关政策规定的情况下，扩大民间机构对绿道网的"认管"比例，鼓励经济组织、社会团体、单位或个人以"认管"的模式，参与绿道部分线路的维护管理。在绿道沿线新开发的楼盘，其开发商负责该段绿道的日常维护费用；依托绿道建设的餐饮、娱乐等经营性机构负责周边一定长度绿道的日常维护费用。鼓励当地社区组织学生、年长、退休人员等组成志愿者组织，定期对绿道进行日常维护，最终建立起长期、稳定、多元的资金渠道，用以支持绿道网的规划建设、维护、经营等。

专栏：美国城市绿道资金筹措方式借鉴

美国城市绿道网属于公共服务设施的一部分，其用于运营的资金来源可以分为从政策上和法律上分别取得的两种渠道。

首先，美国绿道在建设之初就确定了其用于保护城市的自然开放空间和限制城市的无序蔓延，因此从法律上，各个州政府均出台政策，保证有充足的资金用于建设绿道和维护绿道。同样的，绿道维护资金的最主要来源是政府部门，美国州政府提供联邦资金用于管理绿道，同时对联邦资金的使用用途作出明确的规定，例如改造非机动车道、修复沿线的历史文化建筑、标识牌的维护与更新、建立博物馆等。

其次，各个州政府有相应的州立资金，用于保护和购买管辖范围内的生态重要的土地，以此为基础开展绿道的建设。

公众参与的私人基金在绿道资金的筹措过程中也占有相当大的比重，是美国绿道建设管理资金不可缺少的一部分，各类非营利性的保护组织和相关协会，均会从各自的角度提供相关资金用于特定方面的绿道维护，用以保证美国城市绿道作为一项重要的城市遗产可以代代相传。

最后，各个州制定了详尽的奖惩措施，用于补充绿道建设维护资金，通过奖惩措施，引导开发商和公众在对土地进行开发建设时，保护绿道，从而降低修复绿道的成本。

资料来源：吴承照等，2013；徐东辉等，2014。

3.3 专项资金监管

为监督管理绿道网工作专项资金，广东省出台了《广东省绿道网规划建设专项资金管理办法》，明确规定了专项资金的使用范围、部门职责和监督管理权限。其中专项资金的使用范围主要包括：

（1）编制《广东省绿道网建设总体规划》及相关专项规划；

（2）开展绿道建设专题研究，组织制订相关技术指引和管理办法；

（3）定期赴全省各市检查督促绿道建设工作，上报、通报绿道建设进展情况；

（4）组织召开绿道建设现场会、情况通报会、经验交流会、工作总结等工作会议；

（5）组织开展绿道建设专家论坛、培训研讨、考察交流等活动；

（6）指导应用全省绿道网统一的标识系统；

（7）省市联动策划、举办全省绿道网推介活动；

（8）组织宣传报道，联合各主要媒体，多方位展示绿道风采，运营绿道专题网站，扩大绿道影响；

（9）对绿道建设绩效突出的单位或个人给予适当奖励；

（10）对粤东西北地区绿道网规划编制进行补贴，并对绿道建设实行以奖代补；

（11）省财政厅、省住房和城乡建设厅决定的其他项目。

4 省市协同，推进绿道建设管理的动态监测

4.1 建立省市协同的监测机制

按照省市协同原则，广东绿道已建立起了省、市两级的动态监测信息系统。绿道网的动态监测主要由各级城乡规划主管部门负责，首先对现有的绿道动态监测相关资料进行搜集和整理，包括地形图、遥感图、绿道网专项规划等资料，然后对以上数据进行数字化的处理，使之更有利于储存和使用，建立统一的城乡规划专业数据库和地理信息平台；在动态监测的方法上，利用卫星监测和航拍影像，建立各地市相应区域的遥感影像数据库。各级规划主管部门的执法监督机构通过对遥感数据与经批准的城市规划图的对比分析、及时监测绿道网建设有关情况以及运营管理的实时状况等，并把违反管理规定的行为及时向当地政府及上一级政府反映。

4.2 建立职责明晰的部门联动机制

各相关部门在牵头部门的统筹协调下，在各自职责范围内，共同做好绿道

的监督管理工作。规划行政主管部门负责运用卫星遥感等先进技术对绿道控制区内的建设情况进行监测，并将监测结果定期向市政府报告和向各区政府、街道办事处、城管综合执法部门通报，同时通过媒体向社会公开监测结果；负责对绿道控制区内新建和改造项目实施规划管理。土地行政主管部门负责对绿道控制区内土地使用权的变动进行监管，加强绿道控制区内政府储备土地的管理，监督、指导查处绿道控制区内违法用地、违法建筑的工作。城管综合执法部门在规划、土地主管部门的指导、监督下，负责查处绿道控制区内违法用地、违法建筑的工作，坚决杜绝绿道控制区内出现任何新的违法用地、违法建筑行为。林业部门负责查处绿道控制区内违法占用林地的行为。环保部门负责绿道控制区内环境监测，并对环境违法行为进行行政处罚；负责制定绿道控制区内污染物排放总量控制计划，并监督执行，逐步削减绿道控制区内污染负荷，提高环保要求。水利、林业、渔业、海洋、文化等部门在各自的职责范围内负责督促违法行为人恢复原貌。其他部门依法履行相应的管理职责。

5 官方主导，推动绿道的广泛宣传

广东绿道自建立以来，取得了较好的生态效益和社会效益，并不断丰富内涵完善功能，为广大人民群众提供了旅游休闲、运动健身的场所，为进一步扩大绿道网的影响力，丰富绿道网内涵，提升和扩展绿道网的功能，政府通过官方方式，开展了一系列的绿道网宣传工作，旨在让公众可以更加全面的了解绿道，更加方便的体验绿道，并与政府建立起良好的沟通机制。同时，利用宣传平台为纽带，建立起长效的绿道网专业平台，网罗有关专家、学者，以及明星、运动员等相关知名人士，构建绿道网"朋友圈"，以此吸引更多的公众关注，尤其是青少年人群的参与。期间联合《南方日报》等媒体发布绿道专版，举办"我们走在绿道上"等系列报道，联合省委宣传部筹办了"广东青年记者绿道行"和"中央媒体记者绿道行"等活动，开设"广东绿道"网站，制作绿道专题片《绿道交响曲》和绿道公益广告片在广东卫视等频道持续播出，以扩大宣传，形成人人知道绿道、使用绿道、爱护绿道的良好氛围；为应对绿道网功能的提升，开展了以古驿道为主题的大学生微纪录片大赛、文化创意大赛和古驿道定向大赛。

绿道已成为广大市民体验自然、欣赏美景、丰富知识和休闲锻炼的好去处，受到了市民游客的普遍欢迎。各地充分调动群众积极性，组织开展绿道摄影展，骑友精品线路推荐等活动，把精美的绿道展现给大家。同时，各地重视与外界的交流与合作，广东绿道作为国内首次大规模的绿道建设实践，吸引了其他省市的学习与借鉴。2012 年，在国家住房和城乡建设部的指导下，广东省住建厅组织

图 4-1　广东绿道官方网站首页（http://www.gdgreenway.net）

举办了"广东绿道讲坛"，吸引来自美国、法国，以及北京、上海、香港等地的专家，以及北京、河北、山西、江苏、浙江、安徽、福建、山东、湖北、湖南、四川等省建设系统的领导和专业技术人员参加，围绕"绿道功能综合开发"的主题，通过主旨报告、专家解析、互动交流等方式，推广广东绿道建设的成功经验，探讨建设管理的问题与困难，共谋绿道可持续发展之路，同时，在中央电视台新闻联播节目、人民日报、光明日报等媒体平台上，对此类专家讲座、论坛进行专题报道。

目前，已开展的宣传工作还包括：一是在平面媒体开展绿道网系列报道，介绍绿道网相关名人轶事。二是委托专业单位建立广东绿道网官方网站（http://www.gdgreenway.net）（图4-1），详细介绍广东省绿道网情况，整合资讯，以方便群众使用绿道，增强广大群众的生态环保意识，使绿道建设工作深入民心。在每年的绿道网建设专项经费中，政府部门专项划拨绿道网网站维护费用，用于网站的软件维护、信息更新和系统升级等工作。三是充分利用移动传媒工具，包括在地铁电视、商场广告牌、明信片、宣传册等产品上投放绿道主题元素的相关广告，推广绿道理念。四是通过召开研讨会、聘请专家讲解、进行技术培训等方式，给各级干部明确绿道理念和具体建设要求。

有条件的地市还自行印制特色名片、地图和旅游指南等宣传册，用于宣传当地特色文化和产品，从多个角度宣传和报道绿道。

6　珠三角城市绿道的管理运营经验

自2009年在全省、全国率先开展绿道规划建设以来，珠三角绿道网建设工作重点逐渐由关注线网扩展到绿道配套设施建设和管理制度建设等方面，并在各地市的绿道管理运营中形成了一些可借鉴的经验。

6.1 珠三角各市绿道管理特点

珠三角各市遵循"建管并重，属地管理"原则，对绿道网进行管理，并在政府部门的引导下，充分借助市场力量，积极探索和制订绿道管理办法，及时进行绿道控制区划定和管制，已形成"政府保障为主、市场运作为辅"的绿道管理维护机制。与此同时，各市充分结合当地的实际情况，针对具体问题采取了一些具有城市特色的管理办法，例如：

（1）广州市将绿道按类型和区位纳入市政道路、公园景区、生态林地管理体系，而不是完全由属地某一个部门负责。

（2）深圳、东莞两地80%的省立绿道落在了基本生态控制线，因此，对于落在控制线的绿道按照基本生态控制线有关管理规章进行管理和保护。

（3）佛山市打造智慧驿站，构建信息化管理平台，方便市民查询和管理驿站。

（4）肇庆市引入了志愿者管理机制，提高社会参与。

6.2 珠三角各市绿道运营特点

珠三角绿道网的运营主要为"政府主导、社会参与"的多元化运作体制；目前已形成公共机构经营管理模式、市场化经营模式、群众参与经营模式等三种

珠三角各市绿道管理与经营特点　　　　　　　　　　表4-1

城市	管理方式	经营方式
广州市	◇ 将绿道按类型和区位纳入市政道路、公园景区、生态林地管理体系； ◇ 属地负责安全保障工作。	◇ 允许驿站适度商业经营（如出售饮料、食品、纪念品等）； ◇ 驿站经营管理引入企业参与； ◇ 两套公共自行车租赁系统，分别由旭日公司和（与市交委合作）"羊城通"公司运营； ◇ 打造精品旅游路线； ◇ 大学生经营驿站。
深圳市	◇ 生态控制线内绿道按照基本生态控制线有关管理规章进行管理和保护，控制线外进行控制区划定和管理； ◇ 社会认养模式。	◇ 由各区财政全额资助绿道的绿化、路面、环卫、安保、咨询以及日常维护等，以市场化竞标方式选择园林绿化企业承担管理任务； ◇ 绿道自行车租赁引入商业运营，各区政府采用市场化竞标方式招标和监管； ◇ 打造精品旅游路线。
东莞市	◇ 按照基本生态控制线有关要求进行管理； ◇ 市城管局、属地镇街的两级管理体制。	◇ 分镇街经营； ◇ 打造精品线路。
佛山市	◇ 智慧驿站，信息化管理平台； ◇ 各县区属地管理。	◇ 打造精品线路； ◇ 属地经营，引入社会资金。

续表

城市	管理方式	经营方式
中山市	政府投入与市场运作相结合。	打造精品绿道。
珠海市	属地管理。	◇ 政府主导，鼓励社会资本以 BOT（建设—运营—转让）形式建设； ◇ 运营驿站分区经营； ◇ 允许在控制区内进行（游憩、园艺项目）开发； ◇ 打造精品线路。
惠州市	各县区属地管理。	驿站经营与发展"农家乐"相结合。
肇庆市	◇ 创立了绿道志愿者管理机制； ◇ 实施年度考核办法。	政府主导、社会参与的多元化运作体制；
江门市	属地管理。	打造精品路线。

注：根据珠三角各地市绿道管理办法等相关资料整理而得。

经营模式。各市按照属地经营。目前常用的绿道经营方式有：打造绿道旅游精品线路、引入社会资金等。而针对不同的基础条件，广州、深圳、珠海、佛山、惠州等部分城市在绿道经营方面也形成了自己的特色，为绿道综合效益的发挥奠定了良好的基础。

（1）广州、深圳、佛山等市，配套建设公共自行车租赁系统，以提高绿道使用率和可达性。

（2）珠海市允许在绿道控制区内适度进行（游憩、园艺）项目开发，以吸引社会资金经验绿道；珠海市鼓励社会资本以 BOT（建设—运营—转让）形式建设。

（3）惠州市将驿站建设与农家乐相结合，减少管护成本，相得益彰。

本章主要参考文献

1、蔡云楠，等，编著. 绿道规划：理念·标准·实践 [M]. 北京：科学出版社，2013：76.

2、广东省人民政府. 广东省绿道建设管理规定. 2013.

3、广东省财政厅，省住房城乡建设厅. 广东省绿道建设专项资金管理办法. 2014.

4、吴承照，刘月琴. 美国城市绿道资金保障机制对中国的启示 [J]. 中国城市林业，2013，11(1):34-37.

5、徐东辉，郭建华，高磊. 美国绿道的规划建设策略与管理维护机制 [J]. 国际城市规划. 2014(3).

第五章
广东绿道建设成效与不足

1 广东绿道建设的主要成效

自 2009 年底以来，在省委、省政府的高度重视下，经过全省各市、各部门通力合作、共同努力，从多年来的实践看，广东绿道建设工作取得了显著的成效。截止至 2015 年底全省共建成绿道（包括省立绿道、城市绿道）1.2 万公里，其中珠三角约 8970 公里，粤东西北地区 3160 公里，构建起了以城市建成区为主，向城郊和区域延伸的覆盖城乡的绿道网。

广东绿道建设注重生态、贴近群众、服务民生、促进发展，逐步成为南粤大地一道亮丽的风景线。正是由于绿道体现出良好的生态环境效益和经济社会效益，珠三角绿道网因此被国家住房和城乡建设部授予 2011 年度中国人居环境范例奖， 2012 年被联合国人居署授予迪拜国际改善居住环境最佳范例奖。习近平总书记在 2012 年视察广东期间专门观看了《绿道交响曲》专题片，称赞遍布广东的绿道建设成绩显著，是美丽中国、永续发展的局部细节。2010 年 11 月 15 日，时任国务院总理温家宝在视察珠三角省立绿道 1 号线珠海段时，称赞建设珠三角绿道网"这件事情办得好"。

1.1 生态环境效益

广东绿道规划建设的初衷即是希望通过绿道工程建设，发挥城乡绿道网在清洁水源、净化空气、防洪固土等方面的复合功能，修复和治理面临恶化的生态环境，实现在发展与保护的协同；其次是希望通过绿道网建构都市地区的通风廊道以减缓城市热岛效应。因此，广东绿道网建设所取得的成效，首先是以生态环境的改善为代表，诠释了绿道在提升城乡生态环境和建构区域绿色基础设施所能发挥的积极作用，即通过绿道实施对公园、绿地、森林、河流、山脉以及人文遗迹地等生态要素的串联与重组，提升这些绿色开敞区域在植被保护、水源涵养、生物多样性保护、文化传承等多个方面的基础作用，并重新激发了这些区域的活力。具体来说，绿道的生态环境效益主要体现为完善区域生态网络、改善城乡人居环境、促进了节能减排等方面。

1.1.1 完善了区域生态网络

广东绿道在建设之初，就深入研究和考虑到绿道作为生态基础设施对沿线生态改善的良性作用。绿道网作为线性绿色开敞空间，联结了河滨、溪谷、山脊、风景道等自然与人工廊道，整合了各类公园、自然保护区、风景名胜区、历史古迹，突破了已有自然生态现状环境的限制，将破碎生态斑块和生态廊道重新连通和整合，并成为区域生态廊道的重要组成部分，稳固区域生态安全格局。全省 10 条省立绿道划定生态控制区约 17100 平方公里，占全省土地总面积的 9.5%，绿道将 700 多处重要的森林公园、自然保护区、风景名胜区、郊野公园、滨水公园和历史文化遗迹串联起来，不但完善优化了区域生态网络，也为区域生物迁徙和生物多样性的保护提供服务（图 5-1）。

同时，通过对绿道沿线的园林绿化、林分林相改造及实施其他环境工程，营造优美和谐的生态和城市环境（图 5-2），不仅提高了绿道沿线区域涵养水源的能力，并且为野生动植物提供适宜的生存环境，维系了生态平衡。例如东莞市从 2011 年开始，将绿道建设与森林公园建设结合起来（图 5-3），利用天然资源，建设了旗峰森林公园、大岭山森林公园、大屏嶂森林公园、银瓶山森林公园、水濂山森林公园、同沙森林公园等及其贯穿其中的绿道，这些绿道成为连接这些大片森林公园的有效生态绿廊，有效的保障了生物的栖息和迁移空间。珠海市通过绿道网串联淇澳岛红树林，既起到保护湿地公园的作用，也为市民提供了能够以最近距离接触红树林湿地、亲近自然的空间（图 5-4）。

1.1.2 改善城乡人居环境

绿道成功地将城市内部住宅区、公园、绿地等开敞空间与城市外部的自然保护区、风景名胜区和森林公园等生态要素串联起来，形成完整的生态保护和生活休闲空间系统，既有利于推进海绵城市建设，减缓城市热岛效应、提高城市应对自然灾害的能力，也为城乡居民提供了更为广阔的户外活动空间，对于城乡人

图 5-1　东江绿道（东莞某段）建设前后对比（左图建设前，右图为建设后）
资料来源：李硕等，2016

图 5-2　广州临江大道城市绿道（李健 摄）
资料来源：聚焦绿道·印象广东——摄影大赛获奖作品集

图 5-3　东莞大岭山森林公园绿道
资料来源：东莞阳光网 http://www.sun0769.
com/subject/2013/senlindggai/1/201307/
t20130712_2273365.shtml#p=1

图 5-4　珠海淇澳岛红树林湿地绿道
作者自拍

居环境的改善具有明显的作用。初步估算，目前全省绿道网的服务人口已超过 5000 万人，约占全省常住人口的 50%。

（1）改善城市人居环境

根据《珠江三角洲绿道网效益评估研究》所开展的问卷调查结果显示，珠三角 91.46% 的受访居民认为绿道建设对住宅周边环境有改善作用。其中珠海市

92% 的居民表示绿道对住宅周边环境有改善作用；江门市近 95.5% 的居民表示绿道对住宅周边环境有改善作用；肇庆市 97% 的居民表示绿道对住宅周边环境有改善作用；中山市近 80% 的居民表示绿道对住宅周边环境有改善作用。其中改善最大的是沿线风景和空气质量，其次是带动了沿线河涌及城市水环境的综合整治。例如，广州东濠涌的河流整治工程，通过河涌水环境治理、两侧结合绿道开展生态修复，增加绿地和运动场地，既清理了阻塞的水系，疏通城市和区域水循环，又建设了宜居的人居环境（见专栏，图 5-5）。

绿道建设还可有效减缓城市热岛效应，促进海绵城市建设。城市因大量的人工发热、建筑物和道路等高蓄热体及绿地减少等因素，城市硬化路面和建筑吸收大量热量，造成城市"高温化"，缓解城市的热岛效应需要控制城市中重要的生态资源，增加绿量，诸如公园和水体。通过城市绿道、社区绿道的建设，不仅可增加城市建成区的绿色空间数量，帮助消除城市过多的热量，冷却空气，吸收大量的降水，有效减缓城市热岛效应，并且可成为城市内部的海绵体，促进海绵城市建设，提高城市应对自然灾害的能力。

（2）改善农村人居环境

广东绿道覆盖区域较广，不仅分布于城市当中，还延伸到乡村之间。乡村的绿道在设计之初就充分考虑实用、经济的原则，突出"一道两用"的作用，一方面作为游憩道供游人和城市市民使用，另一方面结合乡村道路，完善相应的道路设施，利于当地村民的日常出行，间接的实现了沿线村庄道路硬底化（图 5-6），改善了乡村出行环境。

此外，绿道的建设也带动了沿线村庄环境的整治，改善了村容村貌，而绿道驿站等配套设施建设也有助于改善农村环境卫生条件。诸如肇庆西北部以山区为主，有较多村落，绿道的建设进入到农村，将绿道建设与村道建设结合起来，改善乡村环境。高要区和四会市的郊野型绿道不仅改善村道，加强农村与城市的

专栏：广州东濠涌整治工程

　　东濠涌位于越秀区，发源于白云山下的麓湖，全长 4.5 千米，历史上是珠江的一条天然支流，目前广州唯一一条穿老城区而过的河涌，周边环境较为复杂，曾经污水横流，整治涉及大量地线管道及旧式房屋。通过治污截污、清淤、净水补水、两岸生态修复与景观建设，不仅清理了阻塞的水系，恢复了防洪排涝功能，还结合绿道建设了两岸休闲带、绿化广场，创造开放式亲水空间，使原先脏乱的东濠涌变成了景色优美可观可游的生态河涌绿色走廊。两岸新建绿地 42600 平方米，改造绿地 41400 平方米，实现东濠涌沿线城区绿地率达 28.5%，绿化覆盖率达 33.97%。

图 5-5　广州东濠涌绿道（梁景新摄）
资料来源：聚焦绿道·印象广东——摄影大赛获奖作品集

图 5-6　乡村绿道
资料来源：聚焦绿道·印象广东——摄影大赛获奖作品集

交通联系，而且带动了绿道周边环境的改善，村民借绿道建设的契机，基本改善了农村环境脏乱差的现象。

可以说，城乡绿道"一道两用"，既方便了沿线村民出行，又改善了乡村设施条件。

（3）提升城乡景观，体现地方特色与文化

各地绿道建设注重结合当地自然景观，融入当地特色与文化，将绿道作为展示城市发展与地方形象的载体，对城乡提升景观具有积极意义。

一是提升海岸、河湖岸边景观。各市在绿道选线与建设中充分利用海岸，结合海岸休闲带建设滨海绿道（图 5-7）；利用岭南水乡特色，结合城市内河湖等自然资源，通过河湖整治，规划建设滨河、滨海绿道，提升河湖岸边景观（图5-8）。

二是改造林相，增添绿化。结合绿道进行水平与垂直的植物配置，不同植被搭配，垂直方向乔灌木合理配置，形成丰富立体的绿廊，增添城市绿化，全面

图 5-7　珠海情侣路滨海绿道（符永安摄）　　图 5-8　肇庆星湖滨湖绿道（何异能摄）
资料来源：聚焦绿道·印象广东——摄影大赛获奖作品集

图 5-9　绿道绿化施工
资料来源：聚焦绿道·印象广东——摄影大赛获奖作品集

提升城市景观质量（图5-9）。此外，全省各地提升景观的手法多样化，包括对外开放原封闭的风景区、结合驿站建设将其设计为景观性小品、配置园林景观植物等。

三是体现地方特色和文化。在绿道建设中，充分利用本地文化要素、历史肌理，提升绿道的景观内涵，同时让人们更深入的了解了地方文化。例如广州东濠涌绿道通过建设东濠涌博物馆展现了羊城护城河文化；广州的小洲村通过绿道串联村内的祠堂、人民礼堂等人文景点，展现岭南的宗族文化和公社时期的文化；深圳长岭陂 – 梅林坳绿道展示了特区发展历程；深圳滨海栈道则展现滨海城市特色；佛山南庄绿道展现了当地岭南水乡特色。

1.1.3 促进了节能减排

绿道网在区域尺度上通过联结各类生态敏感区所构建生态网络，不仅塑造了城乡生态安全格局，营造了和谐的生态城市环境，而且通过倡导徒步和自行车等低碳出行，在很大程度上减少了机动车的碳排，进而可相对增加区域的生态补偿量。据经验值计算，汽车行驶10公里碳排放约2.73千克，据《珠江三角洲绿道网效益评估研究》估算，目前珠三角每年约 6000 万人次租赁公共自行车出行，可减少碳排放 16.38 万吨，相当于增加 3800 万平方米绿地，按照一棵树木年吸收 1.83 吨（每天吸收 5.0 公斤）二氧化碳计，相当于 8.95 万棵树全年的生态补偿量。总共减少 1.47 万吨尾气污染物排放，可减少燃油消耗 4.43 万吨，节省燃油支出成本 1.28 亿元。可以说，绿道在低碳生活、节碳行动中功不可没。

1.2 经济效益

广东省的绿道建设大大改善了省内城市的生态和投资环境，特别是提升了珠三角作为"世界先进制造业和现代服务业基地"的地位和品质，树立了珠三角绿色发展的新形象，增强了珠三角的吸引力和竞争力。广东绿道建设的经济效益可概括为带动区域经济增长、推动旅游经济发展、带动土地价值提升、带动农村经济发展、节约交通出行成本等五大方面。

1.2.1 带动区域经济增长

根据中山大学进行的《珠江三角洲绿道网效益评估研究》，2011 年珠三角绿道建设带动了 101.39 亿元的 GDP 增长，其中各市 GDP 贡献率根据统计年鉴，从 2000 年到 2011 年，依据固定资产投资与地区 GDP 比重计算得出，即固定资产每投入 1 元，带动 GDP 产出值。各市绿道投入带动 GDP 增长如下所示（表 5-1），其中广州、深圳、东莞带动作用最强，江门、肇庆、珠海则相对较弱。

由于珠三角绿道的城市景观价值、环境生态效益等不存在市场交易，运用国际通行的对环境等无形效益的公共产品价值评估的方法——条件价值评估法（CVM，Contingent Valuation Method）评估[1]。初步估算各地居民对使用绿道的支付意愿以及绿道价值（表 5-2）。

珠三角绿道建设是实现珠三角区域生态廊道连通的重要举措，市民可自由使用，绿道带来的环境效益和社会效益，吸引居民以支付一定费用的方式支持绿道建设，因此通过 CVM 法揭示居民的支付意愿（即居民心里的保留价格）来评估绿道生态休闲旅游价值是合适的。

采用 CVM 评估法，初步估算珠三角居民对于绿道的支付意愿。评估结果显示，珠三角居民每年平均支付意愿为 64.98 元 / 人，珠三角绿道经济价值约为 140777.2 万元 / 年，2011 年珠三角城市绿道 2828 公里，则平均每公里绿道价值为 49.78 万元，按照 8% 的社会折现率，绿道使用年限为 10 年计算，绿道现值为 360.75 万元 / 公里。按照珠三角绿道平均投入 70 万元每公里计算，维护

[1] 由于珠三角绿道的城市景观价值、环境生态效益等不存在市场交易，本评估运用国际通行的对环境等无形效益的公共产品价值评估的方法——条件价值评估法（CVM，Contingent Valuation Method）评估。初步估算各地居民对使用绿道的支付意愿以及绿道价值。

2011 年珠三角绿道建设对 GDP 贡献率   表 5-1

城市	2011 年绿道建设投入（亿元）	GDP 贡献率	带动 GDP 增长(亿元)
佛山	2.90124	3.34	9.69
珠海	2.7	2.27	6.13
肇庆	2.0836	1.82	3.79
广州	4.0792	3.34	13.62
深圳	8.517	4.31	36.71
东莞	7.0	3.72	26.04
惠州	1.4525	2.08	3.02
中山	3.68	2.73	10.05
江门	2.4544	2.56	6.28
合计	34.87	2.91	101.39

资料来源：《珠江三角洲绿道网效益评估研究》

对珠三角各市绿道经济价值评估   表 5-2

	广州	深圳	珠海	佛山	惠州	东莞	中山	江门	肇庆
居民支付意愿（元 / 年）	100.7	184.1	31.1	45.3	40.2	96.7	76.5	125.7	58.0
绿道经济价值（亿元 / 年）	12.79	19.28	0.28	3.07	1.84	7.98	2.40	5.61	1.13
成本 – 收益指标（收益 / 成本）	6.2	1.9	1.5	2.8	2.3	1.6	1.8	5.7	2.0

资料来源：《珠江三角洲绿道网效益评估研究》

费用按总投入的 20%，即每年 14 万元 / 公里计算，绿道使用年限 10 年，则绿道建设维护总成本现值为 171.46 万元 / 公里。因此，珠三角绿道的成本收益指标为 2.1，绿道建设收益约为成本的 2.1 倍。

1.2.2 推动旅游经济发展

绿道网有利于串联分布分散的旅游资源，是促进区域和城市旅游全域发展的重要支撑系统。广东开展绿道建设以来，一大批已建成的绿道串联城市和区域重要的旅游与生态资源，带动了沿线旅游、运动、餐饮、商贸等相关产业发展，促进了绿道周边经济增长和农民增收，成了撬动当地旅游经济的支点，一些旅游城市的"游憩廊道"甚至成了城市经济发展的重要支撑系统。

目前，绿道休闲游逐步成为一种新兴的旅游产品，成为目前低碳旅游的一种有效方式。游客可以通过租赁公共自行车开展绿道旅游活动，同时结合绿道所串联的旅游景点，打造多样化的旅游产品。以江门市为例，2011 年绿道沿线共接待游客 2686.08 万人次，游客人数同比增长了 28.41%；惠州市红花湖绿道 2011 年 10 月初建成以来，接待游客超过 10 万人次，2012 年国庆节期间游客日超 8000 人次，游客人数较绿道建成前大幅提升[1]。

广东绿道建设经过近 5 年发展，仅珠三角就形成了精品路线 46 条（表 5-3），旅游人数同比增长了近 10 个百分点，旅游收入增长 25 个百分点。2010 年珠三角旅游接待人数为 30045.94 万人，2011 年达 32975.34 万人，增长 9.7%；2010 年珠三角旅游营业收入 2973.572 亿元，2011 年为 3732.84 亿元，增长 25.5%。在金融危机的持续影响下，珠三角的旅游业取得以上丰硕的成果，与绿道的建成贯通及沿线旅游活动的开展不无关系。

珠三角绿道精品路线　　　　　表 5-3

城市	广州	深圳	珠海	佛山	惠州	东莞	中山	江门	肇庆	总计
数量	10	8	2	7	2	6	4	4	3	46

资料来源：根据 2012 年珠三角各市绿道建设年报整理

1　资料来源：多彩绿道 幸福味道，南方日报，网址：http://epaper.southcn.com/nfdaily/html/2012-09/27/content_7128903.htm

专栏：珠三角各市绿道建设给当地旅游经济发展带来的实际效果

2012 年，广州市仅精品示范绿道就接待游客总计超过了 110 万人次；肇庆结合七星岩国家 5A 级旅游景区打造环星湖绿道，促进旅游景区升级，带动城市旅游发展。

2011 年 5 月，肇庆市旅游发展局联合广州、佛山、中山三市旅游局共同举办"广佛肇中旅游大串门暨踏寻辛亥百年之旅"活动并推出"五一，我们畅游肇庆星湖绿道"主题活动。据肇庆市旅游部门统计，至当年 5 月 2 日止，肇庆市主要景区接待国内外游客总人数达 120 万人次，同比增长 16.3%，其中星湖风景名胜区（七星岩、鼎湖山、星湖国家湿地公园）超过 6.2 万人次，而环星湖绿道骑更成为不少市民和游客的首选，人数超过 2 万。

江门市截至 2015 年江门共建成省立绿道 295 公里，开平境内的 3 号绿道从开平市逵头江边延伸至狄海风采堂，再经赤坎古镇南楼江边与马降龙碉楼群，将世界文化遗产碉楼与村落的各个景点串联起来，形成独具特色的"碉楼效应"。骑自行车一边畅游散布在乡村各个地方的碉楼，一边享受清新自然的田园风光已经成为了一条'黄金绿道'旅游路线。绿道建成后，到开平碉楼的游客增加了近 40%，旅客停留的时间也更长，提高了旅游资源的利用效率。

资料来源：羊城晚报，2011 年 05 月 03 日；江门政府网关于江门绿道相关报道。

同时，绿道的建设也带来一些附加的经济效应，自行车出行活动出现"井喷式"增长，并间接的带动了自行车行业的发展。随着绿道上自行车使用者的增加，广州、中山、深圳、佛山、惠州、珠海等城市先后启动了公共自行车租赁系统，直接带动上下游产业发展，包括自行车租赁、销售、维修，以及自行车租赁店的维护管理等。

1.2.3　带动土地价值提升与城市更新

绿道提升了空间可达性，改善了周边居住环境，改善了产业间联系，进而带动土地价值提升。根据我们观察，绿道主要通过以下三个方面来提升土地价值：1）绿道建设通过城市绿化、景观改良等措施改善了住宅区的居住环境；2）绿道提供为沿线居民出行、休憩、娱乐的绿色通廊和公共开敞空间，从而提升了周边土地的附加价值；3）绿道作为慢行系统改善了住宅区到达公园或绿地系统的可达性。

而且这一效益同时体现在城市和农村的绿道沿线区域。如肇庆环星湖绿道带动沿线居住楼盘均价提升 1000~2000 元 / 米²，南沙多处楼盘以绿道之名加以宣传，楼价从 2010 年 4 月份 5000 元 / 米²上涨到 2011 年 1 月的 9000 元 / 米²。农村土地价值提升同样明显，以中山市大鳌溪新村为例，通过绿道建设，带动沿线的土地价值上涨至 10 万元 / 亩以上。

在珠三角城市绵延地区，绿道还成为城市推动旧城更新和三旧改造的重要手段。珠三角不少城市将绿道建设与工业区改造相结合，通过"绿道"工程改

专栏：东莞市自行车行业在绿道的带动下迅速成长

通过对东莞主要的三大自行车品牌商户进行调查发现，绿道建设极大的推动了自行车的销售业绩。2009 年，东莞有中高档自行车品牌代理店 42 家，没有覆盖东莞的全部镇街。在绿道建设后的 2011 年和 2012 年，东莞中高档自行车店的数量激增，2012 年比 2009 年将近增长了一倍多，中高档品牌自行车代理店达到了 99 家，密集分布于各镇街。据专业人士估计，目前东莞中高档品牌自行车的保有量约有 40000 多台。另外，据东莞某自行车批发商介绍，东莞 2011 年的大众自行车销售量约有 100 万辆。据东莞市城建规划设计院 2012 年开展的调查，在被调查的商户中，63.7% 的商户反映绿道建设增加了他们的客流，63.2% 的商户反映绿道建设增加了他们的营业额。在各种类型商户中，自行车行业商户发展受到的影响较为明显，其影响主要表现在网点布局和销售两个方面：一是完善了中高档品牌自行车店的网络布局，二是促进了自行车销售量的增长。绿道建设后，多个中高档自行车品牌在网点增多的同时，销量也有很大增长。据专业人士估计，目前东莞中高档品牌自行车的保有量约有 4 万多台。另外，据某东莞自行车批发商介绍，东莞 2011 年的大众自行车销售量约有 100 万辆，是销量最好的一年。

资料来源：李硕等，2016

善改造空间的交通可达性和环境质量，增强老工业区三旧改造的动力，将原本脏乱不堪、传统低效的工业区改造成为一个生态安全、景色优美的宜居城区。

同时，绿道串联了城市内部的产业发展节点，营造浓厚产业氛围，促进珠三角产业转型升级。佛山禅城的绿道串联了瓷海国际产业园和南风古灶，展现南国陶都风貌；南海区城市绿道串联了广东金融高新服务区，展现现代金融服务发展态势；顺德北滘绿道串联了白色家电产业区，展现传统产业改造提升和新兴产业发展新模式；陈村绿道串联了花卉世界；而绿道与南庄生态休闲区、云东海生态休闲商旅度假区等相结合，更展现了佛山市城市转型、产业升级。

1.2.4 带动农村经济发展

绿道连接乡村，推进了城乡的统筹协调发展。通过绿道建设，不仅带动农民就业创业，还带动了个人和村集体收入的增加。

一是，绿道建设带动农民收入增加，增加农村劳动力就业机会。绿道沿线的自行车租赁点、农家乐等大量出现，推动了农民增收，日常维护管理及绿地养护又提供了一定就业。以中山市新安村为例，绿道驿站的自行车租赁点为当地农村家庭运营维护，他们的月收入达 7000 元以上，与此同时，日常管理维护需要雇佣 1~2 位保安及多名绿地养护工作者，这有效的解决了农村剩余劳动力的就业问题。此外，绿道建设带动农家乐的发展，如惠州市将驿站结合野趣园等农家乐经营，野趣园经政府投资改造后，现今成为省星级农家乐，营业面积 2.2 万平方米，拥有 5 星级的停车场，平均每天接待游客 600 人，人均消费 40~60 元；

专栏：绿道建设带动当地农民增收

佛山市在南庄段绿道首期投资 1500 多万元，与台商共建 300 亩农业观光体验园—罗南生态园，宣传高新农业科普知识和推介新优品种、种植采摘体验等内容，刺激农村消费，拓宽村民就业渠道和增加收入。

珠海市淇澳岛"红树林农居餐厅"，占地 800 米²，包括十多亩菜地。2012 年在绿道建成后用 26 万元成本进行搬迁，租金为 3 万 / 年。目前员工 10 人，月平均工资 2000 元；接待游客数约 1700 人 / 月，人均消费 35 元，月收入约 6 万元。在不计食材与水电成本的情况下，餐厅年收入约 45 万，这样餐厅能在两年之内收回搬迁的成本，收入成效较高；

惠州市乡野绿道规模较大，通过"以藤结瓜"的方式串联起 13 个行政村，将沿线农村变成旅游服务的载体，给农民就业和增收创造了机会。

资料来源："佛山千公里绿道有 80 个单车租赁点"、"绿道怎么用 请你出点子"，南方日报，2012.07.26

平均每月营业额高达 60 万元,绿道建成后营业额增加 20%~30%;帮助解决村民就业,固定就业人数 50 多人,节假日或有大型包餐扩招 30~50 人。

二是,绿道同时带动村集体收入增加。主要体现在如下方面:1)政府通过租用村集体土地建设绿道及配套设施;2)政府委托村集体对绿道进行运营维护;3)村集体以绿道为载体,经营农产品销售等。以增城市为例,绿道建成后,每月有 3 万名左右的游客前往绿道周边的农家乐消费,使沿线村集体经济比非沿线村增长快了 53.6%;同时增城市荔城街莲塘村以绿道为载体,通过经营电瓶车、出租单车和销售农产品等方式,使该村集体经济收入同比增长 50%。

1.2.5 节约交通出行成本

以自行车出行为代表的慢行出行方式是一种低碳环保健康的出行方式,有利于解决市民"最后一公里"的出行问题,对于节约市民的出行交通成本具有十分明显的作用。根据《珠江三角洲绿道网效益评估研究》,2012 年依托覆盖城乡绿道,珠三角全年使用公共自行车人次已达 6000 万次(表 5-4),以上数值尚不包括因绿道建设自购自行车出行的人群,据初步统计,绿道节约出行成本 1.2 亿元。

在绿道建设形成初步网络的基础上,各市相继推广公共自行车租赁系统,节约了社会交通成本。以深圳市盐田区为例,至 2012 年 10 月 16 日,盐田区已发放市民骑行卡 4.6 万余张,完成公共自行车租借 992 万余车次,其中公共自行车租借日均 5 万车次以上,一年可节省 3600 万元的出行费用。中山市(图 5-10)也出现类似情况,中山市开通公共自行车租车服务后,中山通 IC 卡开通量达 6.57 万张,2012 年使用人次月 750 万次,一年可节省 1500 万元出行费用。

专栏:中山市公共自行车系统形成的经济效益测算

以中山公共自行车租赁系统进行估算为例:假定市民在推行公共自行车租赁业务之后,部分市民已有的公共巴士出行的习惯被自行车出行取代,则节约的成本等于市民乘坐公共交通巴士的价格减去自行车租赁价格的差值,也就是自行车租赁相对于市民公交出行的经济效益。按照以上假定进行计算,得到如下的自行车出行经济效益:

以中山市自行车 2012 年 10 月租赁数据为基础,根据中山自行车租赁的收费规定,也就是第一小时免费,之后每小时 1 元钱(不足 1 小时按 1 小时计算),每日最高限价 23 元。2012 年 10 月自行车租赁节约的经济消耗总额为 173,056 元。

如果假设每个人每次都乘坐公共汽车,每人次 2 元,则共花费 414,831×2=829,662 元,共节约 656,606 元的社会资源,平均每人租赁一次自行车节省 656,606÷414,831=1.58 元。

中山市市民平均每月使用公共自行车 4.83 次,平均一个月节省 7.63 元,一年节省 91.58 元。根据中山市人口 142 万,可算出中山市居民由于自行车的租赁一年总节省交通成本 3,791.35 万元。

珠三角各市使用自行车人次和自行车数量							表 5-4
	广州	深圳	珠海	佛山	惠州	中山	肇庆
全年使用人次（万）	612	1305	23.8	1200	200	474.76	1200
公共自行车数量	5000	5000	500	6000	8000	4000	2000

资料来源：《珠江三角洲绿道网效益评估研究》

图 5-10　中山市公共自行车
资料来源："体会中山市公共自行车接驳到家门口"，光明网，网址：http://politics.gmw.cn/2015-02/16/content_14869728.htm

图 5-11　广州市民绿道通勤
资料来源："绿道若通畅，骑车上下班"，新快报 2011.05.17

1.3 社会效益

《珠江三角洲绿道网效益评估研究》所开展的调研表明：绿道建设作为一项公共政策，社会效益突出，其建设有效缓解了市民游憩空间不足、达到游憩空间不畅等问题，对于社会隔离、"三高"人群骤增等社会问题也有所应对。总的来说，绿道建设的社会效益主要体现在促进居民改进生活方式、改善居民出行方式、提高居民生活质量、推广居民科普教育、提升城市特色形象等四大方面。

1.3.1 促进居民改进生活方式

居民使用绿道的主要原因是锻炼身体和散步。绿道作为一种高质量的开敞空间，不仅为城乡居民低碳环保出行提供了便利，还为城乡居民提供了开放公平的户外交流、休闲空间，创造了一种新的生活方式。

绿道建设为市民休闲提供多样性选择。通过与 2010 年居民休闲方式进行对比，可以看出绿道普遍改善了珠三角居民的生活质量和生活方式，城市绿道为居民创造更多的休憩场所与休闲方式，丰富了居民的日常生活，其中去公园休闲的居民较 2010 年增长 44.82%，同时选择泡网吧等不健康休闲方式的比重有所下降（图 5-12）。

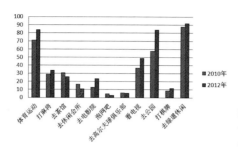

图5-12　珠三角居民休闲方式变化
资料来源：《珠江三角洲绿道网效益评估研究》

居民普遍认为，绿道有助于增进身心健康。《珠江三角洲绿道网效益评估研究》所开展的问卷调查显示，在绿道连通的前提下，珠三角83%的受访者表现出选择自行车通勤的意愿。88.7%居民认为在绿道上活动改善了身体健康状况。

同时，绿道建设还丰富了市民文化活动，提高生活质量。绿道上的文体活动在政府及市民的共同推动下得到发展，又提高了市民健身积极性，从而促进了市民的身心健康。以广州市为例，为促进市民身心健康，市体育局以绿道建设为契机开展"融体于绿"的工程，打造城市社区"10分钟体育健身圈"，有效利用绿道的内部空间，大力推动体育基础设施建设，迎合了市民对健身休闲的需求。深圳市宝安区举办"宝安区绿道33.3公里全民低碳有氧健步活动"、"'地球清洁日'全民低碳有氧绿道健步行活动"；龙华新区组织开展大浪绿道"骑士杯"自行车公开赛；南山区开展"低碳环保、绿色出行"行走绿道活动等，让市民走上绿道，感受不一样的绿道体验。

随着生活质量的提高，休闲在日常生活中发挥越来越重要的角色，绿道之游作为一种新的休闲方式，提供了一个锻炼身体、游憩休闲的新途径，丰富了本地居民的休闲方式（图5-13、图5-14）。随着社区绿道的完善，市民选择绿道上下班、旅游休闲的人数将越来越多，结合绿道展开的各项活动不仅可丰富居民的生活，同时将对居民日常出行、游憩、娱乐等的可达性和舒适性带来提升。

1.3.2　引导居民绿色出行

随着绿道建设不断完善，绿道出行的功能不断强化，绿道逐渐成为市民生活一部分，引导居民绿色出行。由步行道和自行车道组成的绿色"静脉"将家庭、工作场所、学校、购物中心和文化中心连接起来，成了令人愉悦的交通纽带。《珠江三角洲绿道网效益评估研究》所开展的问卷调查显示（图5-15、图5-16），珠三角内83.82%的受访市民表示经常使用绿道，平均每人每月使用绿道8次，

图 5-13　深圳宝安区绿道活动
资料来源：广东宝安绿道："绿色走廊"彰
显民生情怀，南方日报，2012.9.27

图 5-14　珠海市民骑行野狸岛
资料来源：清明小长假省内绿道快乐骑游，
羊城晚报，2014.3.24

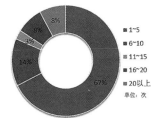

图 5-15　珠三角居民平均每月使用绿道次数
资料来源：《珠江三角洲绿道网效益评估研究》

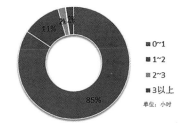

图 5-16　珠三角居民平均每天使用绿道时间
资料来源：《珠江三角洲绿道网效益评估研究》

65.45% 的居民认为绿道对本地交通环境改善显著，89.42% 的居民认为"若居住地和工作地之间有绿道连通，会考虑骑车上班"。

　　与 2010 年相比，珠三角居民平均每天使用绿道时间增加一倍以上。现阶段珠三角居民平均每天使用绿道 45 分钟，较 2010 年提升 1.08 倍。由此可见，珠三角区域内平均每人每月大约有 22.5 小时在使用绿道，折合每周 5 小时以上，绿道休闲、绿道出行已成为人们日常生活与游憩娱乐的一部分，改善居民的生活质量。各市居民使用绿道情况如下（表 5-5）：

　　由于绿道是慢行系统的一部分，并且提供了自行车租赁服务的功能，它成为一条无污染的上下班通道，一条供骑自行车或者步行者使用的路径。随着居民的健康出行意识与低碳环保意识增强，大部分居民表示，若从居住地到工作地有绿道连通，将考虑选择绿色出行。城市中大多数市民纷纷表示如果绿道方便，愿意放弃机动车通勤方式。

1.3.3 成为推广科普教育的新方式

　　绿道网将历史遗产廊道、自然河流廊道、城市开放空间廊道和具有发展潜珠三角各市居民使用绿道情况   表 5-5

	广州	佛山	东莞	肇庆	深圳	江门	珠海	中山	惠州	珠三角平均值
2012 年平均每月使用次数	15.3	13	7.5	7.0	5.4	3.6	4.8	3.28	2.1	8.32
2012 年平均每天使用小时	0.75	0.72	0.83	0.82	0.69	0.62	0.35	1.02	0.92	0.75
2010 年平均每天使用小时	0.43	0.36	0.4	0.23	0.33	0.5	0.3			0.36

资料来源：《珠江三角洲绿道网效益评估研究》

力的游憩廊道连接，构建起城市的"绿网体系"，市民通过在绿道骑行游乐，普及文物保护意识。自然、历史或文化遗产廊道为年轻人提供了自然生态教育的边界途径；自然的栖息地以及历史文化遗产廊道的保存对于城市中的公众具有较高的教育价值，增加了城市的历史文化内涵，从而增强了居民对于城市乡土文化的认同，增强了城乡居民的归属感、幸福感和自豪感，对自然生态与历史文化教育及生态差异保存具有重要的社会效益。

1.3.4 改善提升区域与城市特色形象

广东绿道的成功，不但掀起了一股绿道规划建设和理论研究的热潮，吸引

专栏：绿道有助于城市居民了解当地文化

根据《珠江三角洲绿道网效益评估研究》开展的公众问卷调查，珠三角 61.72% 的居民认为绿道串联不同的传统空间，有助于了解地方文化。

佛山绿道覆盖文物史迹 67 个；广州市绿道串联 200 多个各类文物遗迹、历史建筑和文化设施。

中山市四大品牌绿道之一的"科普品牌"绿道路线以三乡小琅环有孔虫雕塑公园为起点，途经罗三妹山主题公园，以五桂山仙踪龙园为终点，路线把全球首个有孔虫科普教育、罗三妹山旅游、仙人掌生态农业科普教育有机融合，结合三乡现代化城镇景观及五桂山青葱绿绕的山林景致，使游径使用者在绿道休闲健身的同时，又能学习到新的科普、人文知识。

江门市绿道还成为中小学出游的重要场地，2010 年 8 月 1 日，由江门市青少年宫举办的"田园绿道时尚生活"写作夏令营活动在开平市举行，100 多名青少年参加了活动，以实际行动体验低碳生活。

资料来源：《珠江三角洲绿道网效益评估研究》

了全国各地干部、专家学者到珠三角考察学习和交流，而且再次展现了广东敢于创新的形象。

同时，许多绿道还形成了城市标志性的空间，营造了城市特色的风貌特征。如在珠三角绿道网基本建成之后，评选出了"广东十佳绿道"。这些绿道风情万种，各具特色，值得细细品味，并以其优质的景观本底、完善的配套服务、高标准的设施建设成为城市中一道亮丽的风景线。未来城市的标志塑造不再需要靠建设摩天大楼来完成，设计精致的绿道一样可以代表城市的形象。如省立绿道 1 号线途经珠海的"美丽小筑"，原系一处违章修建的海鲜酒家，已经停业多年，造成周边环境脏乱差。为了打造滨海都市型绿道，珠海市政府以补助 580 万元的方式收回了该地块，将其建成了高标准的绿道服务站，彻底改变和提升了该区域的形象。绿道作为地方特色的宣传平台，汇集了区域与城市富有地方特色的空间和文化符号，有助于提升居民归属感和对家乡的认知。

此外，绿道网穿过郊野田园，直接联系城市与乡村，改善农村道路环境，有力增强了城乡之间居民的交流与融合。省立 1 号线中山民众镇一段以基本农田作为生态廊道，结合民众镇的沿线村庄，展现岭南水乡的美丽姿态，以美丽的水杉为帘，省立绿道民众镇段与机动车道分离，改善了当地道路条件，成为居民日常出行的安全、便利之道。

目前，广东绿道已成为宣传特色文化的窗口，绿道的四大品牌"特色旅游"、"体育健身"、"文化服务"和"科普教育"在政府和市民的共同推动下正在形成，由此大大提升市民对城市的认同感。

专栏：绿道建成之后有助于改善城市形象

根据一项关于城市居民对于城市形象的满意度调查指出，绿道建设之前，东莞市居民对城市形象满意的居民仅占 35%，而绿道建设之后这一比例大幅度提高到 69%，增长了近一倍。

随着绿道的建成并投入使用，江门市民对中山城市形象评价不断提升。在现阶段，认为城市形象"不好"的市民比例仅为 12.3%，比绿道建成前下降了 29%。据一项抽样调查反映，肇庆市绿道已成为很多学生心中家乡的印象之一，提升本地居民对家乡的认同感和归属感，同时推广普及环保理念，提升环保意识。

广州市绿道提升绿地系统质量，提升城市品位，促进生活方式转变，社会效益明显。调查结果显示，91.6% 的受访者表示绿道提高了广州城市形象，89% 的受访者认为绿道促进了体育运动发展，83.8% 的受访者认为绿道有助于改善人际关系，83.6% 的受访者认为绿道具有科普教育和文化宣传价值，并增强居民认同感和归属感。

2 广东绿道建设形成的主要经验

广东绿道作为一项生态工程，经过近 7 年的探索与实践，已取得了良好的生态、经济和社会效益。同时，广东绿道也掀起了一股"中国绿道风"，成为推进区域治理的"历史事件"，为我国推进区域规划的实施和区域治理积累了一定的经验。

2.1 领导重视、省市协同，是推动绿道实施的组织保障

2.1.1 各级领导高度重视，有力保障绿道又好又快推进

广东省委、省政府对绿道建设工作的高度肯定和重视，是广东尤其是绿道网建设工作取得骄人成绩的坚强基础，为珠三角绿道"一年基本建成，两年全部到位，三年成熟完善"提供了有力保障。在全省绿道建设工作之初，原省委书记汪洋、原省长黄华华亲自动员部署、调研和督促，率队进行绿道调研并多次实地督导，提出建立两项督查制度，推动各市开展绿道工作。

近年来，省委、省政府仍高度关注绿道建设和绿道升级工作，现广东省委书记胡春华要求"我省的绿道工作不能停，要继续抓好"。时任省长朱小丹作出"再接再厉，把绿道网打造成生态文明建设的杰出品牌"的重要批示，充分体现了省领导对该项工作寄予的厚望。许瑞生副省长也多次强调要继续按计划推进绿道网建设工作，抓好落实，并在全省绿道网建设工作现场会和珠三角绿道网工作座谈会上作出了"让更多的中小学生走到绿道上"、"优先考虑新增改善校园环境和学生出行条件的绿道节点"的工作部署。省委、省政府主要领导的高度重视和亲自督导是对各级政府和广大绿道建设者的极大激励和鞭策，对做好绿道网建设工作具有很强的指导意义。

除了省委书记和省长多次开展绿道工作调研和实地督导，广东省还建立了绿道建设督查制度，省住房和城乡建设主管部门负责统筹协调和监督检查全省绿道工作，作为全省绿道网建设的牵头部门，省住建厅成立了领导小组及其办公室，并在珠三角绿道网建设初期就成立由厅领导任组长的 9 个工作组，分别对口联系和督导珠三角 9 个市，各市的绿道建设进度每月一报，然后由省住建厅汇总进度表直报省委书记和省长，汇总进度表还予以公布。县级以上人民政府明确绿道工作牵头单位，确定工作机构和专职人员，负责统筹协调和监督检查本行政辖区内的绿道工作。

在统筹指导方面，制定规划和技术指引，统一绿道网标识系统，组织多次

技术培训，开展了多项专题研究。在监督检查方面，省住建厅制定《珠三角省立绿道规划建设工作检查考核办法》，建立了不定期检查督促、年中督导和年终考核验收的工作机制。在跨界协调方面，指导相邻城市共同编制、实施跨界绿道建设整合规划，并在走向和标准方面进行协调和统筹，确保省立绿道无缝衔接。

2.1.2 形成省市联动机制，反馈沟通确保上下协调一致

广东省在推进省绿道建设的过程中，还特别重视省市联动，反馈沟通确保上下协调一致，通过省市互动和城市间联动的方式推进绿道规划建设。同时强调横向合作，发改、教育、公安、财政、国土、环保、建设、规划、城管、园林、交通、水利、农业、文化、税务、体育、物价、工商、林业、旅游等多部门联合推进绿道规划建设及管理相关事宜。

除了省直部门的统筹部署和密切配合，珠三角各市党委、政府主要领导也亲自挂帅，亲自督战，分管领导具体落实，靠前指挥。各市根据实际情况均编制了绿道管理办法，把绿道维护、环境卫生、绿化养护、治安保障等责任落实到镇街和部门，建立了高效运作的工作机制，落实责任分工，精心规划设计，多方筹措资金，想方设法大力推进。各市的绿道网建设牵头部门均表现出了较高效的执行力，专家学者各界群众积极建言献策，各种传媒多方位多层次的报道，为珠三角绿道网建设营造了人人参与、人人关心的良好氛围。

2.2 规划建设与管理协同，保障绿道的可持续发展

2.2.1 规划先行，科学合理制定各级绿道规划

统一规划，统筹建设布局与时序，是珠三角绿道网成功建设的前提。在推进珠三角绿道网建设过程中，2010 年省住房和城乡建设厅组织编制并报请省政府批准实施了《珠江三角洲绿道网总体规划纲要》，初步规划建设珠三角省立绿道 1690 公里。据此，各地市从实际出发，编制了本市绿道网建设规划，9 市省立绿道网实际规划总里程为 2372 公里。随后省住房和城乡建设厅印发了《珠江三角洲区域绿道（省立）规划设计技术指引》、《绿道连接线及绿道与道路交叉路段建设技术指引》等一系列技术规范和指导文件，为各市开展绿道网规划建设提供了技术支持和工作指南。

2011 年，针对绿道网建设的关键环节，省住房和城乡建设厅又印发了《广东省省立绿道建设指引》、《广东省绿道控制区划定与管制工作指引》以及《广

东省城市绿道规划指引》等技术文件，指导各市配套完善省立绿道和建设城市绿道。2012年，省住房和城乡建设厅组织编制完成《广东省绿道网建设总体规划（2011~2015年）》并获得省政府批准实施。制订《广东绿道网"公共目的地"规划建设指引》，督促珠三角各市结合绿道网规划，按照相关建设要求，积极打造绿道网"公共目的地"。2013年，根据许瑞生副省长对社区体育公园作为"绿道工作的延伸与升级"的指示精神，省住房和城乡建设厅、省体育局联合印发了《广东省社区体育公园建设试点实施方案》，部署开展全省建设工作，并于2014年制订印发《广东省社区体育公园规划建设指引》，为指导全省规范有序开展社区体育公园建设。2014年，省住建厅开展基于国家公园体制的绿道网升级研究，将其纳入全省新型城镇化规划和城镇化"2511"试点工作，推进绿道升级与城镇化发展规划相互融合。

2.2.2 加强构建长效机制，巩固和扩大绿道的示范效应

绿道是一项由政府主导建设的民生公益性工程，具有较好的外部效益，但建成后如何持续发挥其综合功能，则需要探索一整套合适的运营管理办法。目前珠三角各地市和省政府已有了一些探索，但总体上的运行机制尚未形成。随着广东绿道建设热潮的消退，后绿道时代的可持续发展问题急需解决。为此，全省各地结合本地情况制定和修订了绿道管理、保护及经营等相关管理规定，初步形成以属地管理为基础的管理与维护模式，探索建立多元化的管理模式。

省内各市还积极完善绿道网各项管理制度，管护运营水平不断提高。如肇庆市印发了《肇庆市绿道网管理维护运营方案》，对绿道维护运营作出了明确的规定和指引，促使绿道管理运营逐步形成常态化、规范化、科学化；东莞市创新研发"绿道网管理与展示系统"，综合运用计算机及网络技术等手段，整合绿道网信息资源，建成经济实用、技术先进的绿道管理与展示平台，为绿道管理部门提供科学的管理和决策功能；阳江市按照政府主导、社会参与的原则，进一步探索运营模式，启动本市绿道建设管理规定的编制工作，确保绿道网建设有章可循。

2.3 财政主导，社会参与，为绿道建设提供资金保障

2.3.1 财政资金引导示范，为绿道提供基础性资金保障

在绿道概念还未被公众完全接纳，区域绿道尚未形成规模之时，政府作为公益性项目的投资主体，主导和示范了各市的绿道建设，重点是绿道示范段的建

设。同时将绿道规划设计、建设管理、宣传等工作经费纳入财政预算，为绿道的建设提供基础性的资金保障。在珠三角绿道网规划建设初期阶段，省财政拨付1000万元专款用于绿道的规划编制和技术研究；在珠三角绿道网建设过程中，珠三角9市总共筹集30亿元进行绿道网建设，从而有力保障了绿道建设的迅速开展。

为加大对全省绿道网规划建设的支持，各级财政资金支持也加强了力度，如省级层面，在原省财政每年安排绿道网建设工作经费1000万元（自2010年起）的基础上于2012年提升至2000万元，分类用于省级绿道工作统筹指导和补贴粤东西北地区的绿道网建设。这使得绿道网从政策到资金层面均有了较好的后盾支持。

2.3.2 社会参与建设，拓展绿道网建设的资金渠道

在绿道已经形成一定规模，绿道的示范效应正在逐步显现之时，通过积极构建政府主导、群众参与、市场运作的多元化投融资机制，保障了绿道网建设的全面推进。部分地方政府鼓励金融机构对绿道建设进行信贷投放，鼓励社会各界采用无偿捐助、企业认建、出资命名、工程捆绑等方式参与绿道建设工作。

引导社会资本参与绿道建设、维护和运营，鼓励社会各界积极参与绿道建设，在一定程度上探索了利用市场机制，灵活拓展了绿道网建设资金渠道。如江门市专门出台了《江门市鼓励和引导社会资本参与绿道网建设管理的意见》，鼓励多种形式建设管理绿道，社会资本可以BOT、TOT形式建设运营驿站、在绿道控制区域内投资项目等，在此政策的引导下，江门滨江绿道配套建成的3个驿站中有2个驿站是由江门市当地企业捐赠的集装箱改建而成。

政府主导下的绿道建设，创造了公共设施建设的双赢局面。目前，广东除了贯通省立绿道之外，各地市正在规划投资建设新的区域绿道网。绿道建设部门以政府投资为龙头，鼓励社会资本参与解决资金投入的问题，是广东规划人对绿道建设市场化运作的新思路。以珠海市为例，共建成省立绿道82公里，配套建设驿站28个，合理引入社会投资，实现总投资达2.5亿元。珠海绿道祺祥驿站的建设项目由政府提供土地，由祺祥集团投资近1000万元建设的，驿站建成以后，祺祥集团除了享有15年的驿站经营权之外，祺祥驿站也成了紧挨着驿站的祺祥集团住宅区、厂房区职工健身、休闲的"后花园"，因而创造了双赢的局面。

在绿道网的建设和使用过程中，市民也给予了广泛关注。如江门的滨江绿道上的公共设施曾多次受到人为破坏，不少市民表示痛心，引起当地主流媒体的高度关注，并向社会各界呼吁，积极参与保护和支持绿道建设以及相关设施的使用。

图5-17   广、深等城市绿道地图

图5-18   深圳绿道 U 站
资料来源：深圳新闻网，http://gdsz.wenming.
cn/zyfw/201509/t20150924_2010359.htm

2.4 强化管理，提升功能，推动绿道升级

2.4.1 精细管理落实责任，形成属地化管理的模式

随着全省绿道网进入建设完善阶段，为使绿道的管理、运营跟上规划建设的步伐，全省上下积极探索建立多元化的管理模式，推进了绿道管理的机制及制度建设，初步形成以属地管理为基础的管理与维护模式，这在一定程度上推动了绿道建设管理水平的提高。

深圳、佛山等部分城市创新工作方式，成立了绿道网规划建设联席会议制度，协同推进绿道网规划建设与管理。粤东西北地区则充分借鉴珠三角地区的建设经验，也初步建立起绿道管护运营的相关机制。其中，省的层面在广州、深圳、珠海等地方城市探索基础上制定了《广东省绿道建设管理规定》（2012年8月颁布），明确全省绿道规划建设的管理要求。地方政府层面在省法规的基础上修订或出台了地方性的绿道管理办法，细化绿道的管理，如肇庆市在2011版《肇庆市绿道管理暂行办法》的基础上，结合省绿道管理法规的出台，于2016年8月颁布《肇庆市绿道建设管理办法》，东莞、中山等城市也在2016年积极研究制定本市的绿道建设管理办法。

2.4.2 打造绿道的升级版，推动绿道向绿色基础设施升级

近年来，广东积极推进生态文明建设，在传承绿道建设理念、完善绿道功能的基础上，在社区体育公园、划定生态控制线以及绿色基础设施规划建设等多个方面开展了有益的尝试：一是推动绿道网向绿色基础设施升级。在全省和各地市绿道网规划的指引下，推进城市公园、湿地公园、乡村公园、森林公园、风景

名胜区、带状河道海岸绿地、环城防护林带绿地、城乡楔形绿地等各类公园绿地建设，与绿道连通形成有机的绿地生态网络，构建全省的绿色基础设施网络框架；二是做好生态控制线划定和管理工作。在推进各地市开展生态控制线划定工作的基础上，加快推进《广东省生态控制线管理条例》的立法工作和全省生态控制线地理信息平台的建设，明确绿道管控范围与要求；三是结合绿道加强社区体育公园建设。以珠海市为试点并在试点基础上，统筹指导推进城市、城镇社区体育公园建设，优先实施绿道沿线社区体育公园的规划建设，在确保公益属性的前提下，探索政府财政投入为主，企业或个人认捐为辅的多方参与模式；四是启动基于绿道网的水岸公园规划建设。结合城市黑臭水体治理、水系生态修复和小流域治理，推进水岸公园带、滨江休闲运动带建设，丰富绿道的内涵，如深圳结合茅洲河、观澜河、龙岗河、坪山河、新圳河等水环境综合整治，建设河岸休闲绿道，打造沿河公园绿带；五是组织编制绿道升级行动计划。省级层面，结合国民经济与社

专栏：深圳、广州市绿道建设模式

深圳市大鹏新区结合绿道自身条件，通过政府主导、社会或个人参与等形式，实行"认建认养，社会投资"的绿道建设管理运营模式。市区两级标准化、制度化管理方式，有效保障绿道从建设向管理运营过渡，促进绿道管理质量跨越式提升和发展。

广州市积极探索绿道运营思路，初步形成"政府引导，市场参与"的多元化的运营管理模式。一是吸引社会企业参与绿道运营。广州锐途自行车租赁有限公司自创运营智能化管理系统，实现会员注册、租车全电子化、无纸化，通过微信、APP的移动互联网技术形成的个人租赁信用系统，实现通借通还，为市民提供城市最后一公里交通出行和休闲骑行服务。二是倡导群众参与运营管理。农村集体和农民参与绿道建设、运营，如白云区寮采村通过村民集资入股形式建设运营绿道旅游休闲度假区。三是公共机构运营管理。将绿道按行政区划分，具体落实到镇街或委托国有企事业单位负责绿道的运营管理。

专栏：广州、深圳、佛山等市绿道的信息化建设实例

广州：搭建"数字绿化"绿道网信息平台，实现绿道养护信息化管理。一是在广州绿化一张图的基础上，将已建的2763公里绿道的游径、绿化、标识、驿站、配套等资源进行矢量化入库，以图形、图像、文字资料等多种元素建成覆盖全市的绿道网络专题数据库。二是通过信息平台，及时掌握绿道的动态变化，评估养护情况，为科学制定绿道养护计划和优化养护方案提供依据。三是通过建立"网格责任到人、绿道精确到点"的巡查养护流程，实现绿道养护管理精细化。

深圳：积极拓展绿道服务功能，绿道主管部门建立了绿道专栏网站，开通了鹏城绿道微博，并且通过城市各种信息平台和资源，与网民积极互动交流，及时准确传递绿道信息，方便大众了解和使用绿道。市绿道办组织编制的《深圳市绿道地图（2013版）》（图5-17）。通过挖掘绿道特色、公共目的地和生态植物，标示绿道出入口及到达交通方式等，市绿道办编制了《寻青山绿水 问道在鹏城——深圳市绿道使用指南》，供市民方便游赏绿道。福田区编制《绿道深度观察——福田环城绿道》，深度介绍、挖掘中心"翡翠项链"绿道的特色和资源，罗湖区、盐田区、宝安区等分别制作了《绿道安全手册》、《盐田区绿道地图》、《宝安区绿道地图册》等等，绿道也由此走向城市千家万户。为了把公益服务、志愿服务融入绿道服务，深圳市团市委与市区绿道主管部门共同推动，使城市U站与绿道驿站实现有机结合，目前深圳梅林坳、凤凰山、福荣都市绿道、梧桐绿道等"绿道U站"（图5-18），已然成为绿道上一张公益志愿服务的绿色名片，绿道随着"绿道U站"融入城市生活，洋溢着深圳文明城市建设的风采。

佛山：为更好的向公众宣传展示绿道，在建立佛山市绿道网站的基础上，2014年底开始建设佛山市绿道网信息管理系统。该系统将便于市民进行电子地图、绿道资源信息等方面的查询和使用，发挥信息系统在绿道管理、服务和宣传等方面的作用。

会发展"十三五"规划，落实国家和省精准扶贫计划，以古驿道的保护、修复和利用为抓手，推进绿道从关注生态向提升文化内涵升级。地市层面，以广州、深圳等城市的创新示范为引领，推动绿道升级。如广州结合市政设施全要素品质化提升改造工程，推进城市绿道的全面升级。深圳市以"公共目的地"建设为抓手，整合和挖掘各类自然和人文资源，优化绿道网络，提升绿道品质。

2.5 重视宣传与特色营造，提高绿道的公众参与度

2.5.1 突出特色形成品牌，充实绿道网建设的内涵

全省各地市、县市按照生态化、本土化、多样化、人性化的要求，充分利用本地优势资源，突出本地自然风貌，发掘本地历史人文内涵，因地制宜，积极探索，打造出主题不同、特色鲜明的绿道，丰富绿道网的功能。

2.5.2 利用媒体充分宣传，提高绿道的公众认知度和参与度

绿道网既是生态环境工程，又是惠民工程。全省各市都致力建设集出行、

专栏：珠三角各市打造特色主题绿道

广州：结合深厚的历史文化底蕴，突出"山、水、城、田、海"的自然格局，不断丰富幸福绿道新内涵，形成了远郊山体绿道、城市公园绿道、近郊田园绿道、南部滨海绿道等四大类型绿道。

深圳：率先提出区域、城市、社区三级绿道网的服务时距标准，规划建设25条总长度约500公里城市绿道网，绿道建设体现绿色经济、低碳环保主题，38个驿站全部采用清一色的废旧集装箱进行改造。

珠海：充分展现山海相拥、陆岛相望的城市风貌，围绕岛屿建湿地绿道，新建的栈道、凉亭和拱桥与沿途红树林风光相得益彰，白鹭翩翩飞舞，颇具特色。

佛山：结合水乡景观建设绿道，充分突显了岭南水乡特色和桑基鱼塘风情，注重通过细节体现本地特色，将本地传统文化元素融入绿道建设，禅城区绿道采用最具佛山特色的陶艺作为标识系统的文化符号，东平新城绿道配套设施中融合了佛山传统陶艺、武艺、岭南建筑元素、剪纸艺术、村落文化等；

东莞：重点建设滨水绿道环、都市绿道环、山林绿道环"三环绿道"，坚持高标准建设，60%以上慢行道使用改性彩色透水沥青，指示牌均使用稀土长余辉发光新材料，并聘请了国外专家统一翻译全市2万多字的标识系统及景点说明文本，同时将绿道建设与功能开发相结合，打造了香飘四季、都市亲水、滨水湿地、松湖花海、湖光山色、森林野趣等六条经典绿道游览线路。

惠州：绿道串联了市内最典型的生态旅游资源，打造了"东江脉动、罗浮幽道、阳光海岸、人文古邑、田园风光、湿地探幽、客家风情、山林拾趣"等八大主题绿道，充分展现了惠州的海之韵、江之美、湖之秀、山之灵等不同的特色风光。

中山：绿道网串连翠亨村、中山纪念公园等主要景观，彰显"人文中山"理念；江门市结合葵林、碉楼与古村落等景观，突出侨乡特色韵味。

肇庆：注重挖掘"山水城市"内涵，建设"环城、环湖、环山"绿道网。

旅游、休闲、教育等功能于一体的绿道网络，千方百计让老百姓、社会各界积极参与，实现共建共享，提升绿道的使用价值和社会效益。各级主管部门通过电视、电台、报纸、网络、移动传媒等渠道，多方位对绿道进行宣传推介，倡导健康生活。组织开展绿道徒步等体育活动，用绿道将珠三角区域旅游资源的精华串联起来，吸引了大量的市民和游客前来欣赏体验。

具体的推广手段是运用传统媒介、新媒体等手段，开展形式多样、系列化的宣传推广，让绿道深入民心。一是定期更新编印了绿道指南、绿道地图、宣传画册，制作绿道宣传片、公益广告，形成具有本土特色的系列宣传材料；二是通过官网、微博、微信、APP 等方式持续宣传普及道知识，让市民了解绿道、使用绿道、爱护绿道；三是通过旅游展销会、旅游主题活动、网上宣传等，对绿道精品旅游线路进行重点宣传，定期举行绿道特色活动，提高绿道使用率。

各级部门和社会团体也积极深入发掘绿道网的品牌效益，开展系列绿道主题活动。一是将绿道定位为弘扬精神文明以及其他公益活动的主场地。如在佛山新城绿道上举办"绿脚印，漫步幸福"家庭绿道缤纷游活动暨佛山市第四届家庭文化节启动仪式；南海区公益组织在千灯湖绿道上举办佛山星儿公益慈善慢跑活动等公益活动。二是绿道成为体育竞技或全民运动的主场地。如在云东海环湖绿道举办国际铁人三项洲际杯赛暨全国铁人三项锦标赛，每年在南海区三山新城绿道上举办"智慧岛杯"自行车邀请赛，近年还在佛山新城东平水道举行一年一度国际龙舟邀请赛等竞技活动。肇庆定期制度化开展绿道主题活动，依托绿道成功举办了第二届国际（中国·肇庆）徒步旅游大会、2014"请到肇庆过大年"系列活动、肇庆市扶贫济困爱心骑游等大型宣传活动，扩大了肇庆绿道的社会影响力，擦亮了"中国最美绿道"的品牌。2016 年开展南粤古驿道三大赛事（南粤古驿道定向大赛、奔向广东第一峰铁人三项挑战赛、徒步穿越丹霞山活动）进一步推进体育运动与古驿道保护利用整合发展的创新。

3 绿道规划建设与管理运营中存在的不足或问题

3.1 绿道规划建设中存在的不足

3.1.1 部分绿道选线及驿站选址统筹考虑不足，设计人性化不够

部分地区理解绿道选线要求时出现误区，认为保障绿道的贯通、避免大规模的开挖和建设，最便捷的方法是将绿道选线与城市道路相结合，有的干脆直接

借道城市道路或公路，并在相当长的范围内都是借道使用。这种做法虽然成本低见效快，但并不能为行人提供一个绿色的慢行空间，易发生行人与非机动车碰撞的事故，因此是有违绿道的定义和初衷的。部分绿道选线与居民日常生活不够紧密，没有与社区体育公园、城市公园、郊野公园和公共服务设施形成休闲健身网络系统（林金，2013），造成绿道使用率偏低，绿道网络的连通性、可达性以及人性化设施建设等方面有待提升。

同时，由于省内各市绿道规划线路长短不一，各地市的地理环境、建设强度、人口密度、经济实力和发展方向等各方面条件也不尽相同，在部分地区，由于城市密度较高，往往遇到建设用地少、拆迁成本高等问题，绿道在前期准备、协调时间较长，后期建设时间较为紧迫，出现了部分驿站选址不合理，绿道施工工艺不高，建设质量不理想，配套设施建设滞后等问题。如深圳龙岗区位于深圳东站西广场出口与人行道的交界区域本身路面狭小、人流量大，增加绿道驿站后，造成拥堵问题更加严重；龙岗区新世界广场前的绿道驿站，以经营小卖部为主，而且商店的人时不时会把冰箱、遮阳伞摆在集装箱外面，使得原本不宽的道路几乎被占去一半，市民反映其"一点驿站的样子都没有"[1]。

另外，有些城市为了满足绿道总体规划的里程要求，将刚建好的人行道拆除重新建绿道来凑数，导致劳民伤财。部分绿道在设计和建设上人性化不够，存在安全隐患，如绿道和机动车道交叉处缺乏机动车减速带，自行车容易与机动车碰撞；绿道与公路的过渡存在台阶，成为骑行障碍；一些通勤率高的路段，骑行与步行混杂，易发安全事故；道路标识不明晰（李硕等，2016）。

3.1.2 绿道相关配套设施有待进一步完善

虽然2010年发布的《珠江三角洲绿道网总体规划纲要》和《珠三角区域绿道（省立）规划设计技术指引（试行）》均有专门章节对配套设施提出设计要求，珠三角各市也已着手进行配套设施建设，如驿站、公厕等。但就目前情况来看配套设施仍是"短板"，主要表现在：一是绿道安全设施不完善，绿道与机动车衔接、与人行道衔接考虑不周全，影响绿道使用安全，存在使用安全隐患。部分自行车道的建设直接通过占用人行道或机动车道改造而成，变相缩小了原有的人行道或机动车道，没有根据当地道路实际情况进行规划设计（林金，2013）。二是没有编制精细化绿道地图，部分路段标示不足，一些站点标示性不强，指引不到位。三是环卫设施，照明系统有待加强，如深圳市民反映，深圳各个绿道驿站规模大小不一，其中一些空间很狭小，在已被作为小卖部经营的情况下，并没有多余的空间能为市民提供更多的便利服务，有的绿道驿站包含休息场所、卫生间和医疗

1 深圳：闹市密布商业味浓偏僻处却无休息地绿道驿站有点乱，http://www.gdgreenway.net/BBS/showtopic-4980.aspx

站，但是有的绿道驿站则没有。市民表示，我市部分绿道驿站相应设施不完善，服务功能有待提高[1]。四是自行车租赁、维修、保管问题较多，部分偏僻路段需要社区警务安防工作者的参与。

一些处于偏僻路段、连接城乡的绿道，由于公共交通接驳不到位，交通不方便，利用率不高；与之相反的是，可达性良好的绿道游人密度高，但是由于人车不分流，容易发生行人与非机动车碰撞的事故。

3.1.3 部分绿道建设过于人工化，其生态功能重视不足

目前很多地方将绿道简单理解成为单车道，其实绿道除了为人们提供更多贴近自然的活动场所外，还有一项非常重要的功能是生态功能。绿道建设的初衷是希望通过绿道建设将珠三角地区具有关键作用的生态过渡带、节点和廊道保护起来，为都市地区提供通风廊道，缓解热岛效应。因此绿道建设在划定慢行车道的同时，还应划定有绿廊建设和控制空间，充分体现绿道的生态功能。

生态化和本土化是绿道建设应遵循的基本原则，即在绿道建设过程中要充分体现自然与本土特色，遵循因地制宜、低碳节约原则。然而部分地区在进行绿道建设时，并未注意充分结合现有地形、水系、植被等自然资源特征，依然采取大填大挖的方式，毁坏了大量自然或人工植被。在绿廊系统设计中绿化树木较少，遮阴效果不佳，绿道控制线没有落实；在建筑选材方面也没有根据乡土和地方特色，选取易于施工、方便后期维护管理的材料，导致绿道中出现过多的"人工因素"，使得绿道建设过于人工化，不生态。

3.2 绿道管理运营中出现的主要问题

自《广东省绿道建设管理规定》于 2013 年 8 月由省政府颁布实施以来，保障了全省绿道规划、建设、管理的有序开展，遏制了绿道管理和运营上不良现象的随意出现，但是随着绿道网里程的不断增加，绿道网功能愈发多样，绿道经营管理中依旧存在许多方面的问题，原有的管理制度和经营手段也受到一定的挑战，主要体现在以下几个方面：

3.2.1 机动车强占绿道，影响绿道的安全

在珠三角发达地区，由于城市开发强度较大，绿道建设空间有限，原有绿道多与现状人行道、非机动车道相结合，随着城市机动车保有量的迅速增加，城

1　同上。

图 5-19 某城区绿道被车辆占用　　　　图 5-20 某城市绿道栏杆被人为破坏
资料来源：作者自摄　　　　　　　　　资料来源：云浮新时空

市"停车难"的问题愈发凸显，占用绿道停车现象愈发严重（图 5-19）。由于机动车、绿道的管理权限分属于不同部门，因此在绿道管理上存在权责不清晰等问题，导致违规车辆难以受到相应的处罚；同时，个别地区由于规划设计不合理，机动车道与非机动车道相互交叉，导致机动车"被动"侵占绿道，在后续的管理中也应当考虑解决。另外，摩托车随意进入绿道现象也时常发生。

3.2.2 毁坏标识系统和绿道设施现象时有发生

标识系统的损坏在绿道网维护过程中是最为常见的现象之一，在一些城市的绿道中，因监管不到位，往往出现乱贴乱画现象，成为各类纸牌广告、非法广告的集中地；而在郊野型绿道中，由于绿道规划和现状道路建设等原因，在可达性较差路段，由于使用率较低，部分标识系统常年风吹日晒，缺乏必要的维护，导致过度损耗。

以上两种情况是绿道网标识系统毁坏的主要原因，在标识系统规划设计中，应充分考虑以上两种因素的影响，在加强监督和维护的基础上，对于使用率较高的路段，要采用坚固并易于清理维护的材质，对于使用率较低的郊野型绿道和山林绿道中的标识系统，则可以从经济节约和易于维护的角度考虑，就地取材，运用石头等材质设计标识，延长标识的使用寿命。另外，受人为因素影响，绿道相关设施被毁坏的现象也时有发生（图 5-20）。

3.2.3 在绿道上摆摊经营，破坏环境卫生

由于相关法律法规不健全和执行不到位，导致绿道沿线的商贩经营长期处于无人监管状态，仅由城管等部门加强管理并不能从根本上解决游人游憩和商贩售卖货品之间的矛盾，且处理不当易出现资源浪费，引发社会问题等。绿道作为

群众的公共游憩场地，应当统一安排售卖类服务场所，集中管理，例如扩建驿站、增设服务岗亭、便民商店等，为商贩提供合法的场地进行售卖，以此为基础，对于违规经营行为予以坚决制止，双管齐下，维护绿道沿线正常经营秩序。

3.2.4 空间管制力度不足，生态维育措施缺失

绿道是保护区域生态的一种重要手段，但现行的绿道规划建设时，过于偏重慢行交通系统的建立，将绿道和非机动车道、慢行道混为一谈，忽略了绿道重要的生态维育功能；绿道后期的绿化养护也不足，树木长势参差不齐，造成绿化地杂草多。因此，亟待制定并完善绿道周边区域的空间管制措施，对建设项目采用限制准入政策，同时提出生态维育的具体措施，保障绿道的生态功能。

3.2.5 各行政单元驿站各自为"站"

最近几年，广东省内各城市积极发展公共自行车，规划建设自行车租赁点，投放大量公共自行车。但是，这些公共自行车往往分属不同公司、不同系统，且互不兼容。以深圳盐田和龙岗为例[1]，盐田区采取政府投入的办法，公共自行车租赁覆盖全区，开展比较成熟。龙岗区采取引入社会资金参与建设和政府"零投入"的模式，将这些公共自行车分属两家公司：一家是上海永久自行车有限公司，一家是惠州百信佳集团有限公司，但两家公司却各成体系，目前，福田、罗湖等区也在为推出公共自行车租赁系统密集调研，而不少原本以卖车修车为主的中小型车行也相中租车的商机，马不停蹄地建设租车网络，各企业之间自成体系。有市民反映，从盐田某驿站租了一辆公共自行车准备畅游深圳绿道，骑到龙岗横岗驿站租赁点时，遭遇了意想不到的事情，"租的自行车还不了"。这是为什么？原来，"租车点"与"还车点"不属于同一区域，同一公司，因此出现能租车而不能还车现象。

公共自行车租赁系统主要是为了解决最后一公里的出行，对网点的布局要求高，条块分割恰恰成了死穴。龙岗区城管局相关负责人表示，他们也曾经考虑过两家公司合作，却因技术等原因而搁浅，因为"要和其他系统兼容，等于是把自己的借还车系统、锁控系统拆散了重装。"

从2016年起，共享单车异军突起，摩拜单车、ofo小黄车、小鸣单车等厂商开启了无桩借还车模式的先河，一方面解决了上文提到的"还车难"问题，另一方面由于其随意停靠的特点，导致大量共享单车无序式涌入城市街道，导致多处绿道，甚至城市道路被共享单车挤占，严重影响骑行安全和出行体验。单车的使用便捷性和规范性之间的矛盾，仍需要时间去协调解决。

1 深圳：闹市密布商业味浓偏僻处却无休息地绿道驿站有点乱，http://www.gdgreenway.net/BBS/showtopic-4980.aspx

本章主要参考文献

1、Fabos J.G. Introduction and overview: The greenway movement， uses and potentials of greenways[J]. Landscape and Urban Planning，1995，33 (1－3):1~13.

2、Jongman .H.G.，Kulvik M.，Kristiansen I.Europeanecological networks and greenways[J]. Landscape and UrbanPlanning，2004，68(2-3): 305-320.

3、Ahern J . Greenways as a planning strategy［J］. Landscape and Urban Planning，1995，33 :131 ~ 155.

4、李铭，方创琳，孙心亮. 区域管治研究的国际进展与展望 [J]. 地理科学进展，2007（4）：107-120.

5、曾宪川，马向明等. 珠三角绿道网——推进宜居城乡建设的新举措 [J]. 南方建筑，2010.4：36-40.

6、杨玲，展安. 从"区域绿地"到"区域绿道"——寓于生活体验的生态保护. [C]，城市规划与科学发展——2009 中国城市规划年会论文集，2009 年.

7、李建平. 传承与创新：珠三角绿道网规划建设的探索 [C]. 2012 年中国城市规划学会年会论文.

8、中山大学. 珠江三角洲绿道网效益评估研究 [R]. 2012.

9、方正兴，等. 珠三角绿道建设误区及规划对策 [J]. 南方建筑，2010(4):51-53.

10、高长征，等. 珠三角区域绿道建设与管理问题研究 [J]. 规划师，2011，27(s1):153-158.

11、房庆方，主编. 聚焦绿道·印象广东——摄影大赛获奖作品集 [M]. 广州：广东人民出版社，2011.

12、林金. 广东东莞市绿道网建设现状、问题及对策 [J]. 中国园艺文摘，2013.

13、李硕，杨景胜，孙稳石. 东莞市绿道网建设实施评估研究 [J]. 工程建设标准化，2016 年 7 月 (总第 212 期).

第六章
结论与展望

1 结论

1.1 广东绿道思想的形成是历史必然与偶然因素的结合

近 30 多年珠三角产业经济、城镇发展、空间形态和社会结构的不断转型，不仅塑造了以广佛、港深为核心的多中心连绵化的超级城市群，也带来巨型城市区域生产要素高频流动、区域生态环境恶化、资源协调利用难度加大等一系列问题。因应珠三角城镇群不同发展阶段的客观要求，源自西方的区域管治理念被逐步引入和应用到珠三角规划实践，推动着城乡建设思路从关注建设用地向关注非建设用地转变、由控制区域绿地守生态底线向控融结合利用区域绿地转变，为广东绿道思想的产生提供了的历史必然，这也是珠三角对于生态保护、区域绿地近 20 年探索的必然结果。

自奥姆斯特德于 1867 年提出著名的波士顿"翡翠项链"计划成为西方国家公认的第一条真正意义上的绿道（谭少华、赵万民，2007），到 1987 年绿道概念首次得到美国户外游憩总统委员会的官方认可，经过了 120 年的历史沉淀。虽然自 1990 年代西方的绿道概念和思想通过规划师逐步引入我国，并在概念、理论、实践案例介绍等方面进行了大量总结，但始终未引起学界和官方的重视。然而，广东省住房和城乡建设厅、省委政研室在考察学习欧美绿道规划建设经验的基础上起草上报的《关于借鉴国外经验率先建设珠三角绿道网的建议》却引起省委省政府主要领导的高度关注，这可以说是一种偶然。因为省直部门和智库机构每年都有大量的政策建议上报省委省政府主要领导，能引起领导重视和关注的议题虽不少，但能够付诸实施并成为省委省政府头号工程的并不多见。

可以说，广东绿道思想和概念的形成推广，既是珠三角对生态保护长期探索的某种必然，也是省委、省政府高层领导某种偶然因素果断决策的结果。

1.2 广东绿道的形成是自上而下政治动员与自下而上发展意愿的结合

在我国现行的体制机制下，政治动员是推动和实现区域经济、社会发展和治理目标的重要手段。广东绿道从概念形成到思想传播、从规划方案编制到规划实施机制构建，均体现了自上而下的政治动员，从而保证了从规划建设理念、技术标准、标识系统到任务分解、制度建设等的上下统一与协调，保障了短期内实现珠三角绿道网的城乡覆盖和向粤东西北地区的延伸。

同时，从珠三角绿道网到广东省绿道网的规划设计、从区域（省立）绿道到城市绿道及社区绿道的建设，也充分发挥和凝聚了各城市的发展意愿和民间智慧，合众之力推进绿道建设，并形成了多样化、地方特色浓厚的各种绿道。如深圳绿道建设凸显了绿色经济、低碳环保主题，38 个驿站全部采用清一色的废旧集装箱进行改造；珠海结合情侣路打造特色鲜明的海滨绿道；肇庆结合七星岩国家 5A 级旅游景区打造环星湖绿道，促进旅游景区升级，等等。

1.3 广东绿道规划建设为区域规划实施提供了新的路径与思考

区域规划编制难、实施难，是世界区域规划存在的共性问题。珠三角城市群规划从 1990 年代开始探索，历经 2004 年的修编和立法实施，以及 2008 年形成地区发展纲要，实施问题一直是困局。然而，作为具有生态内涵的专项工程和深受百姓欢迎的民生工程的绿道网，却在短短的 3~5 年就付诸实施并取得了良好的生态环境和社会经济效益。这反映出珠三角绿道规划建设为区域规划的实施提供了新的路径与思考，即区域规划除了需要目标愿景和空间结构的建构，更需要专项规划细化落实和专项工程去具体实施。因此，建立和完善专项规划或工程的实施机制不失为推进区域规划实施的重要手段。

从规划理念的传导看，除了政治动员外，"省市联动、上下协同"是保障区域规划构想能否落地的重要保障，如在《珠三角绿道网总体规划纲要》规划编制过程中，通过广东省住房和城乡建设厅与地市规划局（或住建局）在行政层面的协同、省级编制单位（如省城乡规划设计研究院）与地方编制机构（如各市城市规划设计院）在技术层面的协同，不仅形成了行政和技术两条线协同并进的工作方式，还使得绿道的概念体系、规划理念、绿道网总体布局、具体线路走向、重要节点选择等更容易达成共识，形成上下衔接，为后续城市绿道的规划设计和建设统一性、整体性提供了基础性保障。

从具体实施机制看，区别于传统的蓝图式的目标规划，广东绿道规划是一项动态的行动规划，如珠三角绿道网规划建设决策不到年半，动工不到一年，就提前实现并超额完成了"一年基本建成"的建设目标。实践证明，落实责任，建立倒逼机制，能够形成反向压力，推动工作落实。省以时限倒逼进度，以目标倒逼责任，将绿道网建设任务进行细化量化分解到珠三角各市，将目标分解到季、进度安排到月，通过每月上报和通报各市建设进度来促使各市形成比学赶帮的氛围。同时以"督导督查机制"逼落实，以"考核追究机制"逼争先。各市将目标任务逐级分解到县（市、区）、镇街、部门，形成压力逐层传递，明确了各级各部门的责任分工。通过层层分解，落实责任，提高各级各部门的主动性和创造性，有效保障了珠三角绿道网规划的落实，并提高了工作效率。

1.4 广东绿道"规建管一体化"具有良好的示范意义

自 2010 年全面推进珠三角绿道建设以来，广东的绿道规划建设大致形成了规划与建设协同推进、完善规划与强化建设管理、完善功能与绿道升级等三个阶段，实现了统筹绿道从概念到规划落地、从规划蓝图到项目建设、从建设完善到管理运营的完整环节，是 2015 年 12 月中央城市工作会议和《中共中央国务院关于进一步加强城市规划建设管理工作的若干意见》所要求的统筹规划、建设、管理的具体落实。近年来广东绿道还成为全省水岸地区活力提升、古驿道文化复兴和实施山区精准扶贫的新抓手，进一步丰富和充实了绿道的时代内涵和地方特色。

可以说，广东绿道所体现的不仅仅是生态廊道、慢行道，还是推动经济发展、文化复兴、城乡和谐的幸福道；广东绿道不仅仅是一项规划设计项目、一项生态建设工程，更是一件推动区域协同治理的历史事件，它体现的生态环境效益、经济效益和社会效益，对全国践行生态文明建设，提高城市和区域治理能力现代化均具有一定的示范意义。同时，广东绿道从概念到规划、到建设、再到管理运营所体现的"规建管一体化"同样具有全国示范意义。

2 展望：广东绿道发展新趋势

随着绿道从珠三角向全省拓展、从区域连通到深入城市社区，广东绿道已进入功能完善与提升发展阶段。结合新型城镇化、海绵城市建设、城市黑臭水体治理、精准扶贫和城市"双修"（城市修补、生态修复）等工作，广东绿道建设已由早期侧重生态功能、休闲功能，强调数量与规模，向与城市品质提升、乡村环境美化、传统文化复兴、社区活力提升等紧密结合转变，强调品质化与特色化，强调自然、生态、休闲、文化展示等多功能融合，综合统筹促进城乡治理。

2.1 结合河涌和流域整治，打造区域绿廊和水岸公园带、运动休闲带，倡导健康生活方式

因过去的发展建设更多强调效率，而对发展中的保护和治理关注不足，造成全省相当一部分的河涌甚至流域，特别是粤东、珠三角的部分流域和流经城市的河涌，因垃圾污水未经处理直接排入河涌或随意堆排，甚至填塞河涌、挤占河滩，不仅增加了城市和区域防洪排涝的压力，也对区域自然生态恶化带来直接影响，导致大量流经城镇的河涌污染严重，水体发黑发臭，严重制约经济社会可持续发展。

绿道作为一项连接自然、连接城乡、连接社会的生态工程，在区域生态修复、治理城乡社会矛盾等方面逐步取得了社会的广泛认同。在总结绿道和过去河涌整治经验的基础上，在最近编制的《珠三角全域空间规划》和《珠三角河涌整治与修复规划》中均明确提出了防洪与生态治理并举，生态治理与城乡景观提升并举、景观提升与水岸活力再造并举等思路，希望以区域骨干江河水网为依托，结合区域通风条件和主要供排水通道，建设功能复合的区域绿廊，形成集生态保护、防洪防护、区域通风、休闲游憩等功能为一体的带状绿色开敞空间，改善风环境和滨水生态宜居环境，增强区域内部的通透性和微循环能力。同时在区域绿廊植入绿道功能，将水生态保护与生活休闲功能有机结合，拓展城乡绿色开敞空间，实现绿色生态水网的更好保护和更有效利用，建设健康城市，倡导健康生活。一是加快水网密集城市地区水岸湿地公园建设，鼓励在珠三角、粤东等水网密集的城市发展地区建设水岸公园，结合河涌沿岸具体特点，布设沿河公园、广场、湿地、亭台楼榭等，凸显岭南文化和水乡特色。二是以水岸湿地公园优化休闲慢行系统推进镇村混杂发展地区，改善城乡局部空间环境质量。依托内部河流水网，建设水岸湿地公园，串联各公共活动及开敞空间，联系具有历史文化意义的建筑、场所等，打造富有吸引力的滨水新空间。三是鼓励推进水岸湿地公园逐步向城市建成区周边乡村地区延伸。鼓励在该类地区加强水岸公园建设，作为城市水岸公园的延伸，使城市居民通过滨水空间更便捷的进入生态休闲地区。

为推进水岸公园的建设，2016年广东省住房和城乡建设厅还专门设立课题，开展了《珠江三角洲水岸公园体系专项规划》，以更科学合理的推进河涌和流域整治，实现生态保护、生态治理与城市、区域宜居品质提升的协同。

2.2 以古驿道为抓手，提升绿道文化功能和激活传统村落，提高公众的生态与文化保护意识

绿道不仅是绿色空间的连接，也是城乡互促的协同，更是历史文化的传承创新。广东作为我国历史上开发相对较晚的边陲和海防要塞，从秦汉以来因国家统一需要和多次大规模人口南迁以及南北经贸交流需要，自北向南形成了多条陆路、水路以及海路的古驿道，俗称"南粤古驿道"。根据对历史资料的考证，南粤古驿道是指现广东省境内 1913 年前建成，用于传递谕令、公文，官员往来、运输物资而开辟的道路以及沿途设置的关隘、驿、铺等场所，包括陆路、水路两部分（《南粤古驿道保护与修复指引》，2016）。南粤古驿道是古代南北经济交流、文化传播的重要通道，是广东宝贵的历史文化资源。开展南粤古驿道保护利用工作，对于整合串联沿线历史文化资源，提升广东历史文化遗产在"一带一路"的影响力、展示岭南地域文化特色、促进县域经济健康发展、实现"精准扶贫"和改善农村人居环境等方面具有重要意义，也是落实习近平总书记关于"留住历史根脉，传承中华文明"重要指示的具体举措。广东省人民政府 2016 年《政府工作报告》中明确提出了"修复南粤古驿道，提升绿道网管理和利用水平"的工作目标。2017 年广东省《政府工作报告》进一步提出了"深入挖掘南粤古驿道内涵，强化保护传承和合理利用"的要求。

根据《广东省南粤古驿道文化线路保护与利用总体规划》（专家评审稿），依托古驿道规划，全省将形成以广州为中心，向东、西、南、北四个方向延伸的六条南粤古驿道文化线路，包括 14 条主线，56 条支线，贯穿全省 21 个地级市、103 个区县，串联 1100 多个人文及自然发展节点，全长约 11120 公里，其中陆路古驿道文化线路长约 6800 公里、水路古驿道文化线路长约 4400 公里。南粤古驿道的保护与利用是对广东省绿道网内涵与功能的升华，是绿道"升级版"的重要组成部分，不但可以丰富广东省绿道网的历史文化内涵，更能够扩展和延伸绿道线路，尤其是提高绿道在粤东西北偏远地区的可达性。根据对南粤古驿道历史遗存现状的梳理，发现广东省现存的古驿道多位于粤东西北等经济欠发达地区，以南粤古驿道保护与利用工作为契机开展沿线村庄的扶贫工作将对解决全省农村发展具有重要意义，若以普通步行速度一小时、骑行速度半小时的距离，即 5 公里，纳入到刺激古驿道沿线经济发展的影响范围，根据目前的统计情况，被纳入的贫困村数量约为 900 个，占全省 2277 个贫困村总数的约 40%。因此，通过开展南粤古驿道的活化利用工作，不但可以有效保护南粤古驿道这一重要历史文化资源，更可以借助南粤古驿道，刺激沿线的产业经济发展，为其注入新的活力，从而进一步带动沿线村庄人居环境的改善，促进县域经济发展，为年轻人

提供就业机会，解决农村地区"空心化"、"老龄化"等问题。同时，南粤古驿道的活化利用工作可以作为一个支点，用以撬动国家和有关部门的政策、资源和资金，将相关政策资金向古驿道沿线倾斜，结合广东省省级新农村示范片建设、农村环境综合整治、危房改造、生态修复工程等工作，同时，串联沿线重要资源，实现广东省贫困村落的复兴。

根据省对南粤古驿道保护利用工作的设想，计划以2016年为启动年，实现"两年试点、五年成线、十年成网"的工作目标。通过举办多样的活动、提供相关的政策资金支持等方式，对古驿道沿线贫困村庄实现持续而有力的刺激。同时根据贫困村庄自身条件和特色，因地制宜的发展旅游观光、体育活动、综合服务、农林产业等，通过挖掘古驿道的历史文化内涵，寻找沿线村庄特色，提升景观环境质量，解决生活垃圾和污水问题，增设移动式卫生间等；同时，为打造古驿道的历史人文景观特色，还将对古驿道沿线古村落、历史建筑、文物保护单位进行摸排和保护，对建筑外立面进行统一的整治。最终，将南粤古驿道建设成为继广东绿道之后的又一块品牌，并申报成为世界文化遗产，将品牌推向世界。

目前，以省住房和城乡建设厅为牵头单位，广东省陆续印发了《广东省南粤古驿道文化线路保护与利用总体规划》、《南粤古驿道保护与修复指引》、《南粤古驿道标识系统指引》等相关规划和技术指引，对各地开展古驿道的保护利用工作提供了指导；在2016年韶关市乳源县西京古道、南雄市梅关古道、江门市台山市海口埠古驿道、汕头市澄海区樟林古港驿道、潮州市饶平县西片古驿道、云浮市郁南县南江古水道等6处古驿道示范段的基础上，2017年计划增加了从化钱岗古驿道以及珠海岐澳古驿道珠海段，形成8个古驿道典型示范段；由省市合作组织多个县（市）在2016年轮流举行了"中国南粤古驿道文化之旅——2016年南粤古驿道定向大赛"，2017年计划再举办10场赛事，结合汕头樟林古港、台山海口埠等重要出海口纪念地的活化利用，开展"驿道依旧在，故人何处寻——寻访侨批银信后人"活动，大大提升古驿道在海内外的知名度。充分利用新媒体平台，注册认证了"中国南粤古驿道"官方网站和微信公众号，实时更新工作进展，提升公众对古驿道的关注度。为了更好的开展古驿道保护利用工作，经省政府同意，2017年初省住房和城乡建设厅印发了《南粤古驿道保护利用2017年工作要点》，对2017年古驿道的各项工作提出明确的目标和要求，成立了以厅直属机关领导、省城乡规划设计研究院和省建筑设计研究院领导为组长，古驿道专家和"三师"（建筑师、工程师、规划师）专业志愿者为组员的南粤古驿道保护利用工作指导组，对各示范段实行"一对一"的督导，确保各示范段的保护和活化利用工作科学有效地开展。

2.3 构筑社区绿道网络，助推街区活力提升，促进多元经济活动

目前，广东省已经基本完成了省级绿道建设，珠三角地区也已基本完成市级绿道网全覆盖，在珠三角绿道网建设较为完善的地区，基本可以达到从家里出发5分钟内进入社区绿道，10~15分钟进入市级绿道，30分钟内进入省级绿道。下一步，广东省绿道将继续深入建设社区级绿道。省级绿道好比身体中的动脉，而社区绿道则是众多细微的毛细血管，有了社区绿道的有力补充，才能真正将绿道建设带来的实惠遍及普通百姓，提升区域的活力。社区绿道的完善，将有效提升沿线居民的生活质量，减少短距离出行中机动车的使用量，更多的人将愿意选择步行或自行车出行（赖寿华、朱江，2012）。随之发展起来的，将是服务于绿色出行的社区体育公园、自行车驿站、露营地、公园等，进而为促进邻里交流提供了环境基础，并最终实现社区活力的复兴。同时，广东省目前正在积极组织申报住房和城乡建设部城市步行和自行车交通系统示范项目，以示范项目建设带动绿道升级，通过社区绿道促进活力街区的建设。

2016年年初，国务院印发了《中共中央国务院关于进一步加强城市规划建设管理工作的若干意见》，要求新建住宅区要推广街区制，引发了社会对街区、社区等概念的广泛关注。随着现代人生活节奏的改变，人与人之间的交流变得越来越重要，同时也越来越便捷，现代的城市空间向一种公共开放空间转变将是一种必然。通过社区绿道构建有活力的街区是解决目前城市建设盲目追求规模扩张，节约集约程度不高的有效手段。社区绿道的首要功能是保证社区道路系统的开放与连贯，即表现为社区道路对城市道路的承继和延续、城市公共交通系统的通达、道路两侧商业的丰富性与区域共享以及道路两侧界面的开放和友好、充满生机的交往空间，等等。根据广东省城镇建设的现状，依托现有绿道网络，通过建设社区绿道构建活力街区是一种低成本、高收益的尝试。社区绿道的建设，不但可以有效解决城市车行道路与社区步行道路之间的连接问题，也将有效解决公共服务设施，例如公交站场、社区卫生服务中心、学校等与社区之间的接驳问题，有效提高居民出行的安全性和便捷性，为构建开放式的社区提供一种可能，同时，社区绿道将丰富社区的空间层次和功能，为居民创造休闲游憩和互动交流的场所，促进邻里交流，激发街区活力。

2.4 强化各级绿道的连接联通，构筑区域绿色基础设施网络

相关研究和实践证明，相互连接的生态空间网络对于城市和区域获得最大

化的生态效益是十分重要的。绿道作为一种线性绿色基础设施，对于构建广东省绿色基础设施网络，修补断裂的生态斑块具有重要意义。

在对绿道进行升级时，除了保证绿道的完整性、连续性和连贯性，也要继续完善街头绿地、社区体育公园的建设，将绿道由线性元素转变为网络化绿色基础设施全覆盖。绿色基础设施是绿道网络的延伸和扩展，是绿道综合服务功能的提升（何昉，2014）。绿色基础设施的本质不是单一的设施或一块绿地，而是一个完整的系统，包括了绿地、水系、开敞空间等多重要素，其核心是连接和修补在城市发展过程中支离破碎的生态斑块，最终形成稳定的生态网络。为加强区域和城乡绿道的连接联通，可以通过推广低影响开发模式，推进城市公园、水岸公园、湿地公园、乡村公园、森林公园、风景名胜区、带状河道海岸绿地、环城防护林带绿地、城乡楔形绿地等各类公园绿地建设推进全省绿色基础设施建设，最终与现有绿道连通形成有机的绿地生态网络，构建分布均衡、功能完备、城乡一体的绿色基础设施网络。

同时，对于城市外围和山区，可通过建立风景道（侧重机动车使用）形式，连接城市绿道和区域绿道，缩短城市与郊野的时间距离，同时丰富绿道的层次性和景观性。风景道概念起源于美国，狭义上是指路旁或视域范围内拥有审美风景的、自然的、文化的、历史的、考古学上的，值得保存、修复、保护和增进的具有游憩价值的景观道路（高英志、金敏华，2013）。城市外围和山区风景道的建设，是对绿道建设的有力补充，同时拓展了绿道的功能。在进行山区风景道的建设时，要注意了解山区基本概况，包括地形地貌、植被分布情况，并做好地质灾害防治工作。同时，山区风景道有别于山区公路，要特别注意选线的景观层次和视觉的连续性，通过线性空间有效串联山区景观，形成"点、线、面"结合的旅游景区开发模式，对于山区古驿道或风景道的规划建设，应特别重视地质灾害的防范工作，对于灾害多发地段，应选择绕行，对于景观视线较好的位置，可以适当设置观景平台，用于丰富游人游览体验和提升过渡空间的连续性。

山区风景道的建设可以与南粤古驿道保护建设相结合，以此为契机，进一步完善山区绿道建设，连接山区景观，让游人能够近距离欣赏原生态的自然景观，唤起人们对自然环境的保护意识。近年来，广东省住房和城乡建设厅还开展了风景道规划设计指引方面的研究，以推动风景道与绿道、南粤古驿道的衔接与结合。

2.5 推进绿道功能与管理运营的升级

2.5.1 功能升级

目前广东已建立起覆盖全省的绿道网络，为广大人民群众提供了休闲游憩、运动健身以及科普宣传的公共场所和交流空间，同时也起到了改善区域生态环境，提高人居生活质量、连接生态廊道的重要作用。

为丰富绿道网内涵，全面提升绿道网的综合服务功能，实现绿道可持续发展，近年来广东省以多种方式开展了打造绿道"升级版"系列工作，在绿道原有功能的基础上，通过结合社区体育公园以及足球等运动场地建设，特别是中小学周边体育公园的建设，充分利用街头绿地和零散空地，增设体育运动设施，发展社区体育运动产业；结合校园周边绿道建设，发展科普教育活动，构建安全便捷的上学路径；结合南粤古驿道的保护与利用，带动绿道、古驿道沿线的县域经济发展、农村人居环境改善等工作；通过开展全省生态控制线划定工作，优化城市空间结构和布局，促进空间资源安全高效利用和经济社会可持续发展。同时，对原有绿道的运营和管理工作模式进行逐步升级，从经营绿道向构建全省绿色基础设施全覆盖、带动区域经济发展等多种功能转变，谋求绿道网及其沿线区域的全方面可持续健康发展。

全省各地市还结合本地绿道特点深入挖掘绿道功能和内涵，在原运营管理模式的基础上，积极探索多元化的管理模式，以适应更加多样化和更加丰富的绿道管理，各地市开展了丰富多彩的活动，引起社会各界的热烈反响。如2015年江门市组织策划"中国侨都潮人径"活动，推动绿色休闲和"旅游强市"建设。所谓"潮人径"，就是倡导绿色环保、自然生态、健康休闲的现代潮流生活，充分利用现有公路、村道、林道、登山小道、田园小路等线路，配备道路指向标识、景物景点解说牌、休息设施、安全警示等配套设施，串联自然保护区、风景名胜区、历史古迹、古村落、田园风光等景观节点，形成具有侨乡特色的城乡慢行步行径系统。目前，江门全市已建成总长超过1600公里的潮人径。根据《江门市加快建设旅游强市工作纲要（2015-2020年）》的发展战略目标，到2017年，全市将建设总长达3000公里的潮人径，打造"广东第一步行径"。2016年韶关仁化、惠州龙门、云浮罗定、广州增城等地则依托传统古村落和古驿道历史文化资源，促进体育运动与绿道相融合，开展定向越野大赛（图6-3），以体育运动为契机，以古驿道为抓手，全方面带动区域发展，将绿道网功能最大化。

2.5.2 管理制度升级

广东绿道作为线性绿色基础设施，是连接省内重要生态节点的通道，省内具有较高自然和历史文化价值的各类郊野公园、自然保护区、风景名胜区、历史古迹等，是绿道的重要节点，为维护各类自然景区、保护区，绿道需要对管理和运营制度进行升级，并对绿道控制区实施严格的空间管制，其中涉及国土、交通、

图 6-3　2016 年南粤古驿道定向大赛首站（仁化）比赛现场

注：作者拍摄

海洋、环保、农业、林业、水利、旅游、文物等多个部门的管理。

在管理方面，随着绿道功能的扩展，各有关部门也面临着保护措施与管理力度不足等问题，需要特备注意构建科学有效的部门协调机制，实现从部门单向管理延伸到多部门综合管理的转变。可在绿道网原有的管理制度基础上，由省住建厅和地方人民政府分别组织省域层面和地方层面的部门分工协调：由规划和国土部门负责新建绿道的规划布局与用地指标安排，包括绿道网布局的优化调整、生态控制线连通廊道的论证研究，近期建设项目的安排；各级财政、发展改革主管部门负责将绿色基础设施建设纳入年度政府预算，提供财政资金支持，并负责公共投资审核；交通运输部门重点负责安排各级绿道与城乡主要道路的衔接工作，提高绿道的可达性和安全性；农业、林业和环境保护部门联合规划、旅游部门，对其所直接管理的自然保护区、水源保护区、风景名胜区等进行配套设施的升级；体育、文化部门则从各自职能入手，充分开发以绿道为主题的相关活动，扩大绿道影响力，完善绿道的功能与内涵。

2.5.3 运营升级

绿道的服务对象和功能不断扩展和完善，仅靠政府部门的职能已无法完全满足绿道各方面功能的需要，绿道的运营管理形式也面临升级。同时，政府主导下的绿道运营和管理具有一定的局限性，因此需要引入社会多方力量，形成政府部门和社会各界共同参与管理的良性格局，用以保障其长效运作。政府作为政策制定者和先行者，应当积极引导和鼓励企业、社会组织和个人参与绿道运营和管理工作，鼓励社会团体和个人自愿参与管理与维护工作。市场化程度较高的项目鼓励继续市场参与运作，由运营人根据市场需求灵活操作。值得注意的是，政府管理和市场运营并非截然分开，如停车服务、游乐、自行车租赁、餐饮、住宿等市场参与度较高的项目皆可灵活掌握，如慢行道、标识系统的维护，环境卫生的保持，保安服务等，都可探索市场化管理。同时，组建综合性绿道旅游公司，将一段绿道的经营管理包括慢行道、标识系统、环境卫生维护、餐饮、自行车租赁、游乐等等一同打包，交由该公司操作，政府与公司签订一定年限的协议，保证绿道产生综合效益。如果运作良好，可以将一个镇、甚至一个县的绿道交由旅游公司运营管理，以期更贴近市场，更方便服务群众。在绿道运营管理社会化、市场化的过程中，政府必须严格把握相关基本要求，使绿道建设得好、管理得好、使用得好，使绿道以多种多样的形式，全方位的介入广东百姓生活，真正发挥维育广东生态环境安全的作用，使绿道真正成为广大群众休闲游憩、享受自然的乐园。

专栏：绿道运营和管理经验借鉴

绿道是一项公益性基础设施，管理的好坏，直接影响绿道综合功能和效益的发挥，影响绿道的可持续发展。国内外发达国家和地区均十分重视绿道管理。其中美国和加拿大在绿道运营和管理上均作出了许多有益的尝试，其中发挥重要作用的管理机构，分别是美国绿道委员会和加拿大公园和绿道咨询小组。

1. 美国绿道委员会

美国在绿道的管理上，从国家层面有美国绿道计划（The American Greenway Program），同时国家公园体系作为绿道强有力的补充，通过国家公园管理局（National Park Service）等机构进行管理，美国政府积极组织并帮助各地区政府、私人团体和土地所有者建设绿道，并负责绿道运营和管理。在州一级，由州长发布行政命令成立绿道委员会，负责绿道规划、实施、维育、资助绿道网络建设、促进区域合作、鼓励和支持地方绿道机构等。

例如1991年成立的东海岸绿道联盟（East Coast Greenway Alliance，简称ECGA）。ECGA是一个非营利性机构，在美国罗得兰岛州的韦克菲尔德设立办公点，由来自绿道覆盖的15个州和华盛顿特区的理事组成，在每个州设立委员会，与当地、州、国家的有关机构在东海岸绿道项目的前线进行合作，以推动这一多用途综合绿道工程的进展、维护，让广大市民都能从中受益。

在美国宾州，成立的绿道委员会协助自然资源保护部、交通部、环境保护部门制定行动计划，委员会负责规划、实施、维育、资助绿道网络建设。同时，宾州政府鼓励灵活和创造性利用本部门与其他州级机构的基金，将绿道建设纳入各地综合性规划当中，用以支持与土地利用与经济发展有关的地方绿道相关项目。

2. 加拿大公园和绿道咨询小组

加拿大温哥华地区成立公园和绿道咨询小组，以引导全区的公园及绿道体系的建设，该小组主要负责对保护区及相关的康乐活动的管理政策与策略提供建议，以引导全区的公园及绿道体系的建设。同时，将其他保护区、农业、管理、娱乐场所、技术机构、科学家等纳入论坛范围。

注：根据相关文献整理

本章主要参考文献

1、赖寿华,朱江.社区绿道:紧凑城市绿道建设新趋势 [J]. 风景园林，2012(3):77-82.

2、高英志,金敏华.山区风景道规划设计初探 [J]. 低温建筑技术,2013,35(5):17-18.

3、何昉.从绿道到绿色基础设施.中国风景园林网（http://www.chla.com.cn），2014-01-24.

4、广东省住房城乡建设厅，深圳市城市空间规划建筑设计有限公司.广东省南粤古驿道文化线路保护与利用总体规划（专家评审稿）[C].

后 记

广东绿道，不仅仅是珠三角社会经济转型升级语境下的一项倡导绿色发展的生态工程，更是探索城乡和区域治理现代化要求下的一个"历史事件"。作为或多或少参与这项工程规划建设的我们，感到非常庆幸，庆幸我们能为这个伟大的时代做点什么；同时，作为这个"历史事件"见证的我们，感想感受也颇多，希望能用少些的笔墨记录些什么，以告后来者曾经某个时期在珠三角，在广东发生了一件对中国发展模式变革具有一定影响的"绿道大事件"。

本书的写作酝酿较早，并在珠三角绿道尚值幼儿阶段的2011年就形成第一稿（《广东绿道的探索与实践》），后为提高其理论性，于2012年形成第二稿（《绿道理论与实践——以广东为例》）。然而，要从实践提升到理论，对于以实践见长的我们是巨大挑战。不巧，正在珠三角绿道从幼儿逐渐成长为少年的过程，珠三角绿道风已经吹遍全国，有关绿道研究、绿道规划、绿道建设等方面的文章及书籍井喷式出现，原有的写作思路和内容顿时失去新意，再加上生产性任务紧，造成需要不断调整和更新书稿写作内容的事情搁置。2015年，随着珠三角和全省绿道规划建设进入成年期，也正值广东进入绿道后时代，中国城市规划学会城乡规划实施学术委员会听说我们正在编写有关广东绿道方面的书，城乡规划实施学术委员会领导顿生兴趣，希望我们加把劲继续编写，并结合党的十八大提出国家治理现代化和城乡规划的新形势，调整写作思路，侧重从规划实施治理方面进行梳理总结，以期为政府、行业管理和学术界提供借鉴和启发。这重新点燃我们不忘初心的激情，继续前行。

为更好地把握书稿的写作方向，2016年1月10日，中国城市规划学会城乡规划实施学术委员会主任李锦生组织该学术委员会的部分委员以及广东省住房和城乡建设厅原厅长房庆方（策划实施广东绿道的主要领导之一）、广州市国土资源与规划委员会副主任孙玥就书稿编写的框架、重点、内容深度等进行了研讨，并提出认真吸纳中央城市工作会议提出的"统筹规划、建设、管理"思路编排章节和内容。

书稿筹策划、统稿由李建平负责，并完成第一章、第二章的编写。第三章由宋延鹏负责编写，第四章由牛丞禹负责编写，第五章由刘沛负责编写，第六章由李建平、牛丞禹负责编写。同时，感谢张萍、杨玲对相关材料收集整理和部分章节编写提供的协助。

本书在几易其稿过程中，始终得到广东省住房和城乡建设厅相关领导和广东省城乡规划设计研究院领导，尤其是省住房和城乡建设厅李永洁总规划师、省城乡规划设计研究院张少康院长（现为广东省住房和城乡建设厅厅长）、马向明总工程师以及现任院长邱衍庆的鼎力支持和技术指导，在此表示深深感谢。同时，感谢唐路、徐涵、黄卓、李欣、刘园、程红宁、温莉等对第一、第二稿编写提供的协助和支持。

最后，感谢中国城市规划学会城乡规划实施学术委员会领导、中国建筑工业出版社领导及李鸽博士对本书修改和编辑出版提出的宝贵意见。